设计创新与实践应用
"十三五"规划丛书

室内设计CAD应用

薛娟　张淑慧　耿蕾　胡天璇　孙彤　著

U0238582

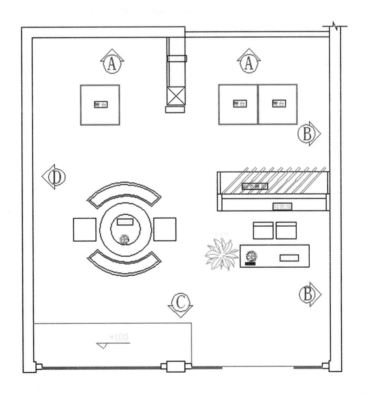

中国水利水电出版社
www.waterpub.com.cn
·北京·

内 容 提 要

本书以 AutoCAD 在设计施工流程中的实际应用范围为主线，以实际工作中常见的 4 个不同空间的实训项目展开讲解，由浅入深、循序渐进，能够使初学者快速掌握该软件，熟悉该软件在不同空间的不同规范要求，并达到室内设计行业相关职位所需具备的专业能力。本书共分 6 个单元，内容包括：AutoCAD 2014 基础知识，居住空间设计案例绘制，展示空间设计案例绘制，办公空间设计案例绘制，主题餐饮空间设计案例绘制，综合实例解析等。

本书可作为高等院校环境设计、室内设计、装饰设计等专业的本科和专科教材，也可供室内设计人员、绘图员参考使用。

图书在版编目（C I P）数据

室内设计CAD应用 / 薛娟等著. -- 北京 : 中国水利
水电出版社，2016.9（2019.7重印）
（设计创新与实践应用"十三五"规划丛书）
ISBN 978-7-5170-4763-6

Ⅰ. ①室… Ⅱ. ①薛… Ⅲ. ①室内装饰设计－计算机
辅助设计－AutoCAD软件 Ⅳ. ①TU238-39

中国版本图书馆CIP数据核字(2016)第235125号

书　　名	设计创新与实践应用"十三五"规划丛书 **室内设计 CAD 应用** SHINEI SHEJI CAD YINGYONG	
作　　者	薛　娟　张淑慧　耿　蕾　胡天璇　孙　彤　著	
出版发行	中国水利水电出版社 （北京市海淀区玉渊潭南路 1 号 D 座　100038） 网址：www.waterpub.com.cn E-mail：sales@waterpub.com.cn 电话：(010) 68367658（营销中心）	
经　　售	北京科水图书销售中心（零售） 电话：(010) 88383994、63202643、68545874 全国各地新华书店和相关出版物销售网点	
排　　版	北京时代澄宇科技有限公司	
印　　刷	北京印匠彩色印刷有限公司	
规　　格	210mm×285mm　16 开本　10.75 印张　244 千字	
版　　次	2016 年 9 月第 1 版　　2019 年 7 月第 2 次印刷	
印　　数	3001—5000 册	
定　　价	30.00 元	

前 言

AutoCAD 是由美国 Autodesk 公司于 20 世纪 80 年代初开发的通用计算机辅助设计软件，是建筑环境设计领域广为流行的绘图工具，具有操作简单、功能强大、兼容性高等特点。熟练使用 AutoCAD 制图是建筑环境设计相关人员必备的职业技能。

本书以 AutoCAD 2014 为基础，以实际工程实例为依据，通过详细分析讲解如何绘制建筑环境设计中的平面图、立面图、剖面图等图纸绘制。不仅使读者掌握 AutoCAD 的基本命令和快捷键的操作技巧，同时也掌握了 AutoCAD 绘制建筑环境设计相关图纸的基本过程和方法。

本书的编写人员有着多年的 AutoCAD 实际工程经验和教学经验，能够准确把握工程实践的需要和学生的心理，精心策划了本书的实例编写，并将多年的教学方法融入其中。

全书共分 6 个单元，单元 1 "AutoCAD 2014 基础知识"，介绍 AutoCAD 2014 的新的用户界面和新增功能，了解 AutoCAD 的基本设置和基本命令；单元 2 "居住空间设计案例绘制"，讲述识图规范以及 AutoCAD 的基本命令和快捷键操作技巧；单元 3 "展示空间设计案例绘制" 和单元 4 "办公空间设计案例绘制" 主要阐述公共空间与家装空间设计图纸的绘制技巧；单元 5 "主题餐饮空间设计案例绘制"，主要介绍竣工图和施工图的区别；单元 6 "综合实例解析" 主要讲述建筑环境设计的流程以及原始平面图、施工图、竣工图等的综合绘制技巧。

参加编写工作的有：山东建筑大学薛娟教授，山东英才学院的张淑慧、耿蕾、孙彤老师，苏州大学的胡天璇副教授。山东建筑大学的研究生程晓琳、孙丽、周兆鹏、常莹、姜静、徐启圆也参与了案例部分的资料整理和编写工作。济南奥森空间装饰设计事务所为本书的编写提供了协助，在此特表感谢。

　　由于编者的水平有限，书中错误和缺点在所难免，敬请同行和读者及时指正，以便再版时修订。

编者

2016 年 4 月

目 录

目录

单元1 AutoCAD 2014 基础知识

本单元主要介绍 AutoCAD 2014 软件的功能、界面、基本命令操作，以及多个室内设计图纸单体图例的绘制步骤和方法，并通过单体绘制的案例来讲解常用绘图命令的使用方法。

1.1 AutoCAD 2014 新增功能学习

AutoCAD 是美国 Autodesk 公司开发推出的专门用于计算机辅助设计的软件。Autodesk 公司自 1982 年推出 AutoCAD 软件 1.0 版本以来，不断追求其功能的完善和技术领先，使之成为集平面制图、三维造型、数据库管理、渲染着色和互联网等功能于一体的计算机辅助设计软件。目前，AutoCAD 已广泛应用于建筑、机械、电子、航天和水利等工程领域。

与以前的版本相比，AutoCAD 2014 有了很大的改进与提高，增加了较多新的功能，使之更方便、更高效、更精确，也更加人性化。编者结合多年的环境设计案例绘制和教学经验，通过大量的环境设计案例绘制，为读者介绍了环境设计的基础知识及 AutoCAD 2014 软件的绘制功能和使用技巧。本书内容全面，涉及应用 AutoCAD 2014 软件进行环境设计和绘图的各个方面。从建筑基础知识到建筑制图规范，将 AutoCAD 基本知识与具体的实践应用相结合，文字表述语言平实、简明扼要，具有极强的实用性。

1.2 AutoCAD 2014 操作界面介绍

启动 AutoCAD 2014 后就进入到该软件的界面中。AutoCAD 2014 操作界面由标题栏、菜单栏、工具栏、绘图窗口、命令行、状态栏、布局标签等组成，如图 1.2.1 所示。

AutoCAD 2014 分为"草图与注释""三维基础""三维建模""AutoCAD经典"4 个工作空间界面。展开快速访问工具栏工作空间列表，单击状态栏切换工作空间按钮或选择"工具"—"工作空

图 1.2.1 AutoCAD 2014 的工作界面

间"菜单命令，在弹出的对话框中可以选择所需的工作界面，如图 1.2.2 和图 1.2.3 所示。为了方便用户学习各版本的 AutoCAD 软件，本书以最为常用的"AutoCAD 经典"工作空间为例进行讲解。

图 1.2.2　快速访问工具栏　　　　图 1.2.3　状态栏切换工作
　　　工作空间列表　　　　　　　　　　空间菜单

1.2.1　标题栏

AutoCAD 工作界面最上端是标题栏，标题栏中显示了当前工作区中图形文件的路径和名称。如果该文件是新建文件，尚未命名保存，则 AutoCAD 会在标题栏上显示 Drawing1.dwg、Drawing2.dwg、Drawing3.dwg 等，并作为默认的文件名，如图 1.2.4 所示。

图 1.2.4　标题栏

通过工作界面标题栏右侧的按钮，还能进行界面的最大化、最小化显示以及还原、关闭等常规操作。

1.2.2　菜单栏

菜单栏位于标题栏的下方，由"文件""编辑""视图""插入""格式""工具""绘图""标注""修改""参数""窗口""帮助""Express Tools"，共 13 个主菜单组成，如图 1.2.5 所示。

图 1.2.5　菜单栏

在菜单栏中，每个主菜单又包含数目不等的子菜单，有些子菜单下还包含下一级子菜单，这些菜单中几乎包含了 AutoCAD 全部的功能和命令，如图 1.2.6 所示。

为了操作方便，AutoCAD 特别设置了应用程序按钮。应用程序按钮位于工作界面左上角，单击该按钮，单击弹出菜单可以进行文件的新建、打开、保存、打印、发布、输出等操作，如图 1.2.7 所示。此外，通过该菜单"最近使用的文档"功能，还可以对之前打开的图形文件进行快速预览，操作十分方便快捷。

图 1.2.6　主菜单下的子菜单

　　AutoCAD 2014 还设置了快速访问工具栏，默认位于应用程序按钮的右侧，包含了最常用的快捷工具按钮，如图 1.2.8 所示。

　　通过单击该工具栏中的按钮，可以快速进行文件的创建、打开、保存、另存以及打印等操作。此外，还可以进行操作的重做与取消。单击该按钮右侧的下拉按钮，在图 1.2.9 所示的下拉菜单中可以定制快速访问工具栏中的按钮，以及控制菜单栏的显示和隐藏。

图 1.2.7　应用程序按钮

图 1.2.8　快速访问工具栏及下拉菜单

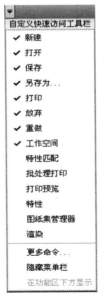

图 1.2.9　应用程序按钮菜单

1.2.3　工具栏

　　使用工具栏可以快速地执行 AutoCAD 中的各种命令。工具栏上的每一个图标都代表一个命令按钮，单击相应的按钮，即可执行 AutoCAD 命令。

默认状态下，系统会打开"标准""工作空间""绘图""绘图次序""特性""图层""修改""样式"等几个常用的工具栏，如图 1.2.10 所示。

图 1.2.10　常用工具栏

在任意工具栏上右击，都会弹出工具栏快捷菜单。在快捷菜单中可以选择打开或关闭工具栏。在该快捷菜单中，已显示的工具栏左侧会显示一个对勾符号，如图 1.2.11 所示。

1.2.4　绘图窗口

绘图窗口是绘制与编辑图形及文字的工作区域。一个图形文件对应一个绘图窗口，每个绘图窗口中都有标题栏、滚动条、控制按钮、布局选项卡、坐标系图标和十字光标等元素，如图 1.2.12 所示。绘图窗口的大小并不是一成不变的，用户可以通过关闭多余的工具栏以增大绘图空间。

图 1.2.11　工具
栏列表

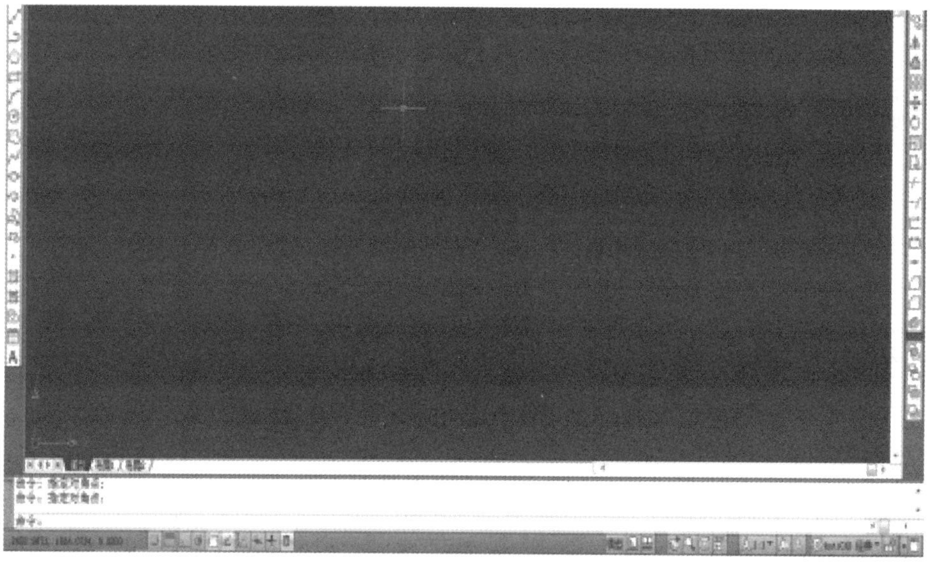

图 1.2.12　绘制窗口

1.2.5　命令行

命令行位于绘图窗口的下方，用于显示用户输入的命令，并显示 AutoCAD 的提示信息，如图 1.2.13 所示。

用户可以用鼠标拖动命令行的边框以改变命令行的大小。此外，按 F2 键还可以打开 AutoCAD 文本窗口，如图 1.2.14 所示。该窗口中显示的信息与命令行中显示的信息相同，当用户需要查询大量信息时，该窗口就会显得非常有用。

1.2.6　布局标签

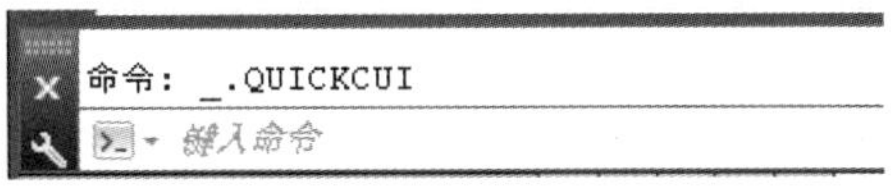

AutoCAD 2014 系统默认设定一个"模型空间布局标签"和"布局 1""布局 2"两个图纸空间布局标签。在这里有两个概念需要解释：

（1）布局。布局是系统为绘图设置的一种环境，包括图纸大小、尺寸单位、角度设定、数值精确度等，在系统预设的 3 个标签中，这些环境变量都按默认设置。用户可根据实际需要改变这些变量的值。例如，默认的尺寸单位为毫米，若绘制的图形采用英制的英寸，就可以改变尺寸单位环境变量的设置，用户也可以根据需要设置符合要求的新标签，如图 1.2.15 所示。

图 1.2.13　命令行

图 1.2.14　AutoCAD 文本窗口

图 1.2.15　环境变量的值

（2）模型。AutoCAD 的空间分模型空间和图纸空间。模型空间通常是指绘图的环境，而在图纸空间中，用户可以创建"浮动视口"的区域，以不同视图显示所绘图形。用户可以在图纸空间中调整浮动视口，并决定所包含视图的缩放比例。如果选择图纸空间，则可打印多个视图，用户可以打印任意布局的视图。

AutoCAD 2014 系统默认打开空间模型，用户可以通过单击选择需要的布局。

1.2.7　状态栏

状态栏位于绘图窗口的最下边，用于显示当前 AutoCAD 工作状态。状态栏主要包含三大功能，具体分类如下：

（1）在状态栏的最左侧，列出了鼠标当前位置的 X、Y、Z 3 个轴向的具体坐标值，方便位置的参考与定位。

（2）在状态栏显示坐标区域的左侧提供了"推断约束""捕捉模式""栅格显示""正交模式""极轴追踪""对象捕捉"等功能按钮，通过这些按钮可以有效地提高绘制的准确性与效率。

（3）在状态栏的最右侧则提供了"模型""快速查看布局""快速查看图形""注释比例"等按钮，通过这些按钮可以快速实现绘图空间的切换、预览及工作空间调整等功能。

1.3　图形文件的管理

在 AutoCAD 中，图形文件的基本操作一般包括新建文件、保存文件、打开已有文件、输出文件、加密文件和关闭文件等。

1.3.1 新建图形文件

在 AutoCAD 2014 中，可以使用多种方式新建图形文件，常用的 4 种方式如下：

（1）工具栏。单击快速访问工具栏中的"新建"按钮。

（2）命令行。输入"QNEW"命令。

（3）快捷键。按 Ctrl + N 组合键。

（4）程序按钮。单击"应用程序"按钮，在弹出菜单中选择"新建"命令。

通过以上 4 种方式均可打开"选择样板"对话框，如图 1.3.1 所示。此时在"选择样板"对话框中，若要创建默认样板的图形文件，单击"打开"按钮即可。

图 1.3.1 选择样板对话框

此外，也可以在样板列表框中选择其他样板图形文件，在该对话框右侧的"预览"框中可预览到所选样板的样式，选择合适的样板后单击"打开"按钮，即可创建新图形文件。

1.3.2 保存图形文件

在 AutoCAD 2014 中，可以使用多种方式将所绘图形以文件形式保存，常用的 4 种方式如下：

（1）工具栏。单击快速访问工具栏"保存"按钮。

（2）命令行。输入"SAVE"命令。

（3）快捷键。按 Ctrl+S 组合键。

（4）程序按钮。单击"应用程序"按钮，在弹出的菜单中选择"保存"命令。

通过以上 4 种方式进行文件的首次保存时，系统将弹出"图形另存为"对话框，如图 1.3.2 所示。默认情况下，文件以"AutoCAD 2014 图形［*.dwg］"格式保存，也可以在"文件类型"下拉列表框中选择其他格式。

图 1.3.2 "图形另存为"对话框

1.3.3 打开已有图形文件

在 AutoCAD 2014 中，可以使用多种方式打开已经绘制好的图形文件，常用的 4 种方式如下：

（1）工具栏。单击快速访问工具栏"打开"按钮。

（2）命令行。输入"OPEN"命令。

（3）快捷键。按 Ctrl+O 组合键。

（4）程序按钮。单击"应用程序"按钮，在弹出的菜单中选择"打开"命令。

通过以上 4 种方式均可打开"选择文件"对话框，如图 1.3.3 所示。在"选择文件"对话框的文件列表框中，选择需要打开的图形文件，则在右侧的"预览"框中将显示出该图形的预览图像。

图 1.3.3 "选择文件"对话框

1.3.4　输出图形文件

在 AutoCAD 2014 中，可以使用多种方式输出已经绘制好的图形文件，常用的 2 种方式如下：

（1）菜单栏。选择"文件"→"输出"命令。

（2）程序按钮。单击打印按钮，在弹出的菜单栏中选择"输出"命令。

通过以上 2 种方式均可打开"输出数据"对话框，如图 1.3.4 所示。在"保存于"下拉列表框中选择文件要存放的位置，在"文件名"文本框中输入保存文件的名称，在"文件类型"下拉列表框中选择文件类型，单击"保存"按钮，即可输出图形文件。

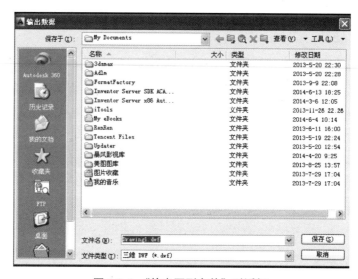

图 1.3.4　"输出图形文件"对话框

1.3.5　加密图形文件

在 AutoCAD 2014 中进行文件的保存及另存时，还可以对文件进行加密，以保护好图形文件的隐私。

（1）单击"应用程序"按钮，在弹出的菜单中选择"保存"或"另存为"命令，打开"图形另存为"对话框。

（2）在该对话框中单击"工具"按钮，在弹出的下拉菜单中选择"安全选项"命令，打开"安全选项"对话框，如图 1.3.5 所示。在"密码"选项卡中，可以在"用于打开此图形的密码或短语"文本框中输入密码。然后单击"确定"按钮，打开"确认密码"对话框，并在"再次输入用于打开此图形的密码"文本框中输入确认密码，如图 1.3.6 所示。

（3）在进行加密设置时，可以在此选择 40 位或 128 位等多种加密长度。可在"密码"选项卡中单击"高级选项"按钮，在打开的"高级选项"对话框中进行设置，如图 1.3.7 所示。

（4）为文件设置了密码后，在打开文件时系统将打开"密码"对话框（图 1.3.8），并要求输入正确的密码，否则将无法打开图形。

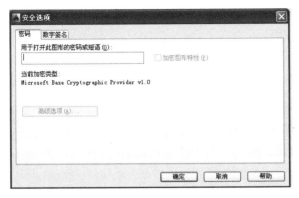

图 1.3.5 "安全选项"对话框

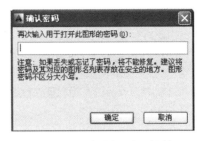

图 1.3.6 "确认密码"对话框

图 1.3.7 "高级选项"对话框

图 1.3.8 "密码"对话框

1.3.6 关闭图形文件

在 AutoCAD 2014 中，可以使用多种方式关闭界面中的图形文件，常用的 3 种方式如下：

（1）命令行。输入"QUIT"命令。

（2）快捷键。按 Ctrl+Q 组合键。

（3）按钮。单击绘图窗口中的"关闭"按钮。

通过以上 3 种方式均可执行"关闭"命令，如果当前图形没有保存，系统将弹出警告对话框，询问是否保存文件，如图 1.3.9 所示。单击"是"按钮或直接单击回车键，可以保存当前图形文件并将其关闭；单击"否" 图 1.3.9 "是否保存文件"提示框
按钮，可以关闭当前图形文件但不保存；单击"取消"按钮，取消关闭当前图形文件操作，既不保存也不关闭。

1.4 图形显示的控制

在 AutoCAD 绘制过程中，可以使用多种方法来观察窗口中绘制的图形，以便灵活观察图形的整体效果或局部细节。

1.4.1　缩放与平移

1. 缩放视图

通过缩放视图，可以放大或缩小图形的屏幕显示尺寸，而图形的真实尺寸保持不变。在 AutoCAD 2014 中，常用的 4 种缩放视图的方法如下：

（1）工具栏。单击"缩放"工具栏中的各按钮。

（2）菜单栏。选择"视图"→"缩放"命令。

（3）命令行。输入"ZOOM/Z"命令。

（4）滚动鼠标中键，往上是放大，往下为缩小。

2. 平移视图

通过平移视图可以重新定位图形，以便清楚地观察图形的其他部分。在 AutoCAD 2014 中，常用的 3 种缩放视图的方式如下：

（1）菜单栏中选择"视图"→"平移"命令。

（2）命令行。输入"PAN/P"命令。

（3）按住鼠标中键，按需要滚动。

1.4.2　重画与重生成

在绘图和编辑过程中，屏幕上常常留下对象的拾取标记，这些临时标记并不是图形中的对象，有时会使当前图形画面显得混乱，这时就可以使用 AutoCAD 的重画与重生成图形功能清除这些临时标记。

1. 重画图形

选择"视图"→"重画"命令，或输入"REDRAW/R"命令，系统将在显示内存中更新屏幕，消除临时标记。使用该命令，可以更新用户使用的当前视区。

2. 重生成图形

重生成与重画在本质上是不同的，利用"重生成"命令可重生成屏幕，此时系统从磁盘中调用当前图形的数据，比"重画"命令执行速度慢，将花费更多的屏幕更新时间。在 AutoCAD 中，某些操作只有在使用"重生成"命令后才生效，如改变点的格式。如果一直使用某个命令修改编辑图形，但该图形似乎看不出什么变化，此时可使用"重生成"命令更新屏幕显示。

重生成图形有以下 3 种方式：

（1）菜单栏。选择"视图"→"重生成"命令更新当前视口。

（2）菜单栏。选择"视图"→"全部重生成"命令，同时更新所有视口。

（3）命令行。输入"REGEN/RE"命令。

1.5 AutoCAD 命令的调用方法

在 AutoCAD 中，菜单命令、工具栏按钮、命令和系统变量都是相互的。可以选择某一菜单，或单击某个工具按钮，或在命令行中输入命令和系统变量来执行相应命令。

1.5.1 使用鼠标操作

在绘图窗口中，光标通常显示为十字线形式。当光标移至菜单选项、工具或对话框内时，光标变成一个箭头。无论光标呈十字线形式还是箭头形式，当单击或按住鼠标键时，都会执行相应的命令或动作。在 AutoCAD 中，鼠标键是按照下述规则定义的。

（1）拾取键。通常指鼠标的左键，用户指定屏幕上的点，也可以用来选择 Windows 对象、AutoCAD 对象、工具按钮和菜单命令等。

（2）回车键。指鼠标右键，相当于 Enter 键，用于结束当前使用命令，此时系统将根据当前绘图状态而弹出不同的快捷菜单。

（3）弹出菜单。当使用 Shift 键 + 鼠标右键组合键时，系统将弹出一个快捷菜单，用于设置捕捉对象。

1.5.2 使用键盘输入

在 AutoCAD 2014 中，大部分的绘图、编辑功能都需要通过键盘输入来完成。通过键盘可以输入命令、系统变量。同时，键盘还是输入文本对象、数值参数、点的坐标或进行参数选择的唯一方式。

1.5.3 使用命令行

在 AutoCAD 2014 中，默认情况下，命令行是一个可固定的窗口，可以在当前命令行提示下输入命令和对象参数等内容。对于大多数命令，"命令行"中可以显示执行完的两条命令提示，而对于一些输出命令，需要在"命令行"或"AutoCAD 文本窗口"中显示。

在"命令行"窗口中右击，AutoCAD 将弹出快捷菜单，如图 1.5.1 所示。通过快捷菜单可以选择最近使用过的 6 个命令、复制选定的文字或全部命令历史、粘贴文字以及打开"选项"对话框。单击命令行按钮，也可显示最近使用过的 6 个命令。

图 1.5.1 命令行快捷菜单

在命令行中，还可以使用 Backspace 或 Delete 键删除命令行中的文字，也可以选中命令历史，并执行"粘贴到命令行"命令，将其粘贴到命令行中。

1.5.4　使用菜单栏

菜单栏几乎包含了 AutoCAD 中全部的功能和命令，使用菜单栏执行命令，只需单击菜单栏中的主菜单，在弹出的子菜单中选择要执行的命令即可。例如要执行绘制多段线命令，选择"绘图"→"多段线"命令。

1.5.5　使用工具栏

大多数命令都可以在相应的工具栏中找到与其相对应的图标按钮，单击该按钮即可快速执行 AutoCAD 命令。例如要执行绘制圆命令，可以单击"绘图"工具栏中的"圆"按钮，再根据命令提示进行操作即可。

1.6　AutoCAD 2014 基础命令操作

1.6.1　沙发图例绘制

具体步骤如下：

（1）绘制沙发坐垫，如图 1.6.1 和图 1.6.2 所示。命令：L；F8。

命令：L/LINE 指定第一点：＜正交 开＞

指定下一点或 [放弃（U）]：650

指定下一点或 [放弃（U）]：800

指定下一点或 [闭合（C）/ 放弃（U）]：650

指定下一点或 [闭合（C）/ 放弃（U）]：

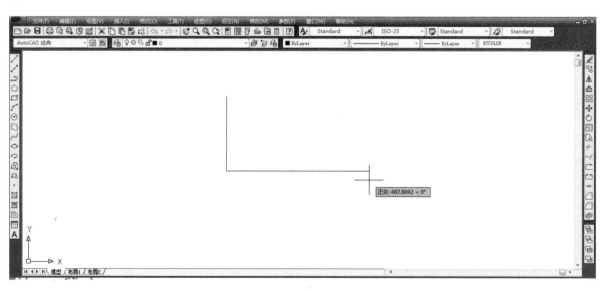

图 1.6.1　沙发图例绘制步骤 1

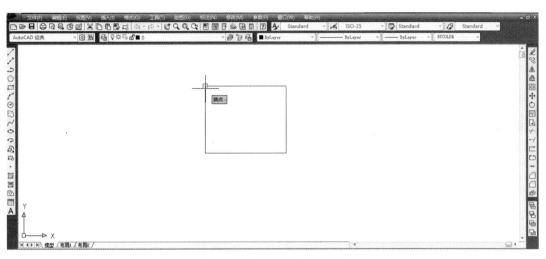

图 1.6.2　沙发图例绘制步骤 2

（2）绘制沙发扶手和靠背，如图 1.6.3 ~ 图 1.6.6 所示。命令：L；F11；O；MI。

命令：L/LINE　指定第一点：< 对象捕捉追踪　开 > 50

指定下一点或 [放弃（U）]：120

指定下一点或 [放弃（U）]：600

指定下一点或 [闭合（C）/ 放弃（U）]：

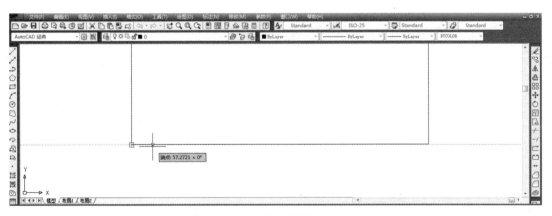

图 1.6.3　沙发图例绘制步骤 3

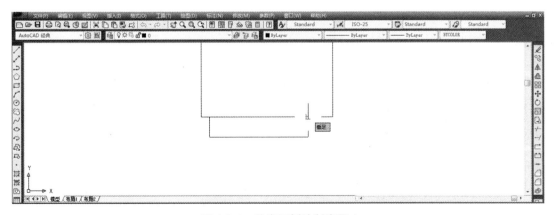

图 1.6.4　沙发图例绘制步骤 4

命令：O/OFFSET

当前设置：删除源 = 否　图层 = 源　OFFSETGAPTYPE=0

指定偏移距离或［通过（T）/ 删除（E）/ 图层（L）]<100.0000>：100

选择要偏移的对象，或［退出（E）/ 放弃（U）]< 退出 >：

指定要偏移的那一侧上的点，或［退出（E）/ 多个（M）/ 放弃（U）]< 退出 >：

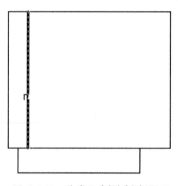

图 1.6.5　沙发图例绘制步骤 5

命令：MI/MIRROR

选择对象：指定对角点：找到 3 个

选择对象：指定镜像线的第一点：指定镜像线的第二点：

要删除源对象吗？［是（Y）/ 否（N）]<N>：

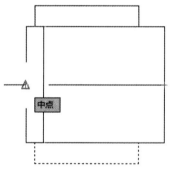

图 1.6.6　沙发图例绘制步骤 6

1.6.2　双人床图例绘制

具体步骤如下：

（1）绘制双人床体和床头，如图 1.6.7 和图 1.6.8 所示。命令：L；O。

命令：L/LINE

指定第一个点：

指定下一点或［放弃（U）]：1500

指定下一点或［放弃（U）]：2000

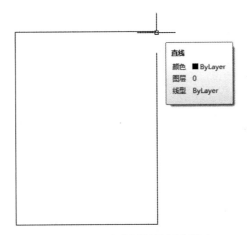

图 1.6.7　双人床图例绘制步骤 1

命令：O/OFFSET

当前设置：删除源 = 否　图层 = 源　OFFSETGAPTYPE=0

指定偏移距离或 [通过（T）/ 删除（E）/ 图层（L）] <0.0000> : 100

选择要偏移的对象，或 [退出（E）/ 放弃（U）] < 退出 > :

指定要偏移的那一侧上的点，或 [退出（E）/ 多个（M）/ 放弃（U）] < 退出 > :

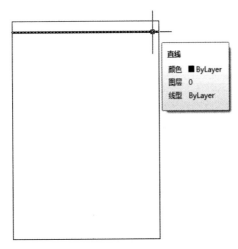

图 1.6.8　双人床图例绘制步骤 2

（2）绘制枕头。命令：REC ; CO。

命令：REC/RECTANG

指定另一个角点或 [面积（A）/ 尺寸（D）/ 旋转（R）]: @500,-300

命令：CO/COPY　找到 1 个

当前设置：复制模式 = 多个

指定基点或 [位移（D）/ 模式（O）] < 位移 > : 指定第二个点或 < 使用第一个点作
为位移 > :

指定第二个点或 [退出（E）/ 放弃（U）] < 退出 > :

命令：CO 复制

一对枕头做出，如图 1.6.9 所示。

（3）绘制被子。命令：L。

命令：L/LINE

画出被子，如图 1.6.9 所示。

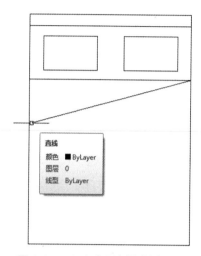

图 1.6.9　双人床图例绘制步骤 3

1.6.3　洗手盆图例绘制

具体步骤如下：

（1）绘制面盆，如图 1.6.10 和图 1.6.11 所示。命令：EL；O；TR。

命令：EL/ELLIPSE

指定椭圆的轴端点或［圆弧（A）/ 中心点（C）］：

指定轴的另一个端点：200

指定另一条半轴长度或［旋转（R）］：150

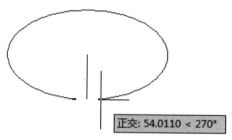

图 1.6.10　洗手盆图例绘制步骤 1

命令：EL/ELLIPSE

指定椭圆的轴端点或［圆弧（A）/ 中心点（C）］：

指定轴的另一个端点：130

指定另一条半轴长度或［旋转（R）］：* 取消 *

命令：EL/ELLIPSE

指定椭圆的轴端点或［圆弧（A）/ 中心点（C）］：C

指定椭圆的中心点：

指定轴的端点：130

指定另一条半轴长度或［旋转（R）］：75

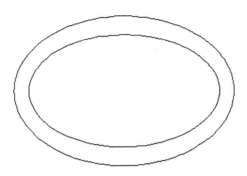

图 1.6.11　洗手盆图例绘制步骤 2

（2）绘制水龙头，如图 1.6.12 所示。命令：L；MI；TR。

命令：TR/TRIM

当前设置：投影 =UCS，边 = 无

选择剪切边 ...

选择对象或 < 全部选择 >：

选择要修剪的对象，或按住 Shift 键选择要延伸的对象，或

［栏选（F）/ 窗交（C）/ 投影（P）/ 边（E）/ 删除（R）/ 放弃（U）］：

选择要修剪的对象，或按住 Shift 键选择要延伸的对象，或

［栏选（F）/ 窗交（C）/ 投影（P）/ 边（E）/ 删除（R）/ 放弃（U）］：

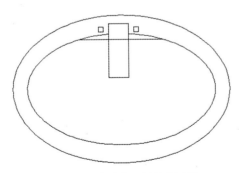

图 1.6.12　洗手盆图例绘制步骤 3

1.6.4　衣柜图例绘制

具体步骤如下：

（1）绘制衣柜柜体，如图 1.6.13 和图 1.6.14 所示。命令：REC；O。

命令：REC/RECTANG

指定第一个角点或［倒角（C）/ 标高（E）/ 圆角（F）/ 厚度（T）/ 宽度（W）］：

指定另一个角点或［面积（A）/ 尺寸（D）/ 旋转（R）］：@1800,600

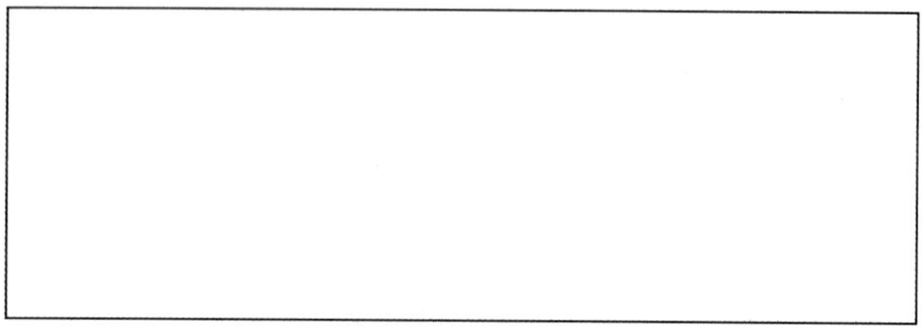

图 1.6.13　衣柜图例绘制步骤 1

命令：O/OFFSET

当前设置：删除源 = 否　图层 = 源　OFFSETGAPTYPE=0

指定偏移距离或［通过（T）/ 删除（E）/ 图层（L）］<100.0000>：20

选择要偏移的对象，或［退出（E）/ 放弃（U）] < 退出 >：

指定要偏移的那一侧上的点，或［退出（E）/ 多个（M）/ 放弃（U）] < 退出 >：

选择要偏移的对象，或［退出（E）/ 放弃（U）] < 退出 >：

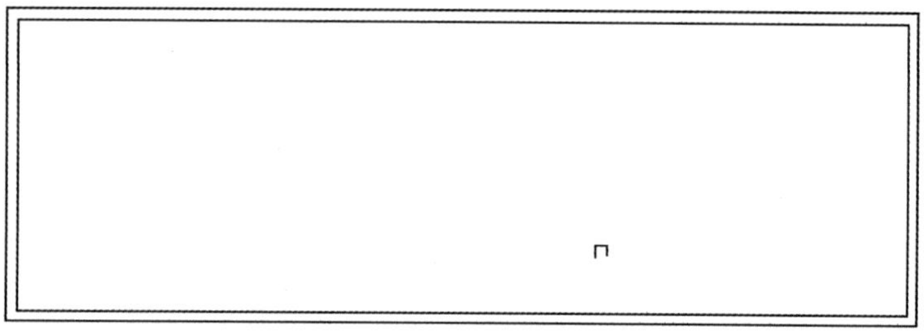

图 1.6.14　衣柜图例绘制步骤 2

（2）绘制衣柜挂衣杆，如图 1.6.15 所示。命令：REC；O。

命令：L/LINE

指定第一个点：

指定下一点或［放弃（U）]：1760

命令：O/OFFSET

当前设置：删除源 = 否　图层 = 源　OFFSETGAPTYPE=0

指定偏移距离或［通过（T）/ 删除（E）/ 图层（L）］<20.0000>：

选择要偏移的对象，或［退出（E）/ 放弃（U）] < 退出 >：

指定要偏移的那一侧上的点，或［退出（E）/ 多个（M）/ 放弃（U）] < 退出 >：

选择要偏移的对象，或［退出（E）/ 放弃（U）] < 退出 >：* 取消 *

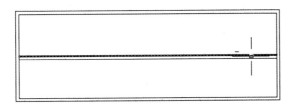

图 1.6.15　衣柜图例绘制步骤 3

（3）绘制衣柜衣架，如图 1.6.16 和图 1.6.17 所示。命令：REC；CO；RO；TR；MI。

命令：REC/RECTANG

指定第一个角点或 [倒角（C）/ 标高（E）/ 圆角（F）/ 厚度（T）/ 宽度（W）]：

指定另一个角点或 [面积（A）/ 尺寸（D）/ 旋转（R）]：@20,-400

命令：指定对角点：

命令：CO/COPY 找到 1 个

当前设置：复制模式 = 多个

指定基点或 [位移（D）/ 模式（O）]< 位移 >：指定第二个点或 < 使用第一个点作

为位移 >：

指定第二个点或 [退出（E）/ 放弃（U）]< 退出 >：

命令：指定对角点：

命令：RO/ROTATE

指定基点：

指定旋转角度，或 [复制（C）/ 参照（R）]<0>：15

命令：M/MOVE 找到 1 个

指定基点或 [位移（D）]< 位移 >：指定第二个点或 < 使用第一个点作为位移 >：

命令：指定对角点：

命令：TR/TRIM

当前设置：投影 =UCS，边 = 无

选择剪切边 ...

选择对象或 < 全部选择 >：

选择要修剪的对象，或按住 Shift 键选择要延伸的对象，或

[栏选（F）/ 窗交（C）/ 投影（P）/ 边（E）/ 删除（R）/ 放弃（U）]：指定对角点：

选择要修剪的对象，或按住 Shift 键选择要延伸的对象，或

[栏选（F）/ 窗交（C）/ 投影（P）/ 边（E）/ 删除（R）/ 放弃（U）]：

命令：指定对角点：

命令：指定对角点：* 取消 *

命令：* 取消 *

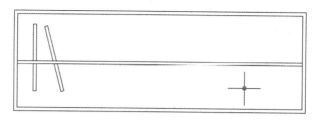

图 1.6.16　衣柜图例绘制步骤 4

命令：MI/MIRROR 找到 1 个

指定镜像线的第一点：指定镜像线的第二点：< 正交　开 >

要删除源对象吗？［是（Y）/ 否（N）］<N>：

命令：指定对角点：

命令：CO/COPY

选择对象：指定对角点：找到 3 个

选择对象：指定对角点：找到 3 个，总计 6 个

选择对象：

当前设置：复制模式 = 多个

指定基点或［位移（D）/ 模式（O）]< 位移 >：指定第二个点或 < 使用第一个点作为位移 >：

指定第二个点或［退出（E）/ 放弃（U）]< 退出 >：

指定第二个点或［退出（E）/ 放弃（U）]< 退出 >：

指定第二个点或［退出（E）/ 放弃（U）]< 退出 >：

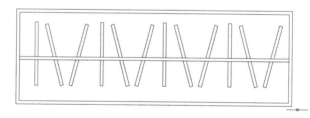

图 1.6.17　衣柜图例绘制步骤 5

（4）绘制衣柜尺寸，如图 1.6.18 所示。命令：DLI。

命令：DLI/DIMLINEAR

指定第一个尺寸界线原点或 < 选择对象 >：

指定第二条尺寸界线原点：

指定尺寸线位置或

［多行文字（M）/ 文字（T）/ 角度（A）/ 水平（H）/ 垂直（V）/ 旋转（R）]：

标注文字 = 1800

命令：DIMLINEAR

指定第一个尺寸界线原点或 < 选择对象 >：

指定第二条尺寸界线原点：

指定尺寸线位置或

[多行文字（M）/文字（T）/角度（A）/水平（H）/垂直（V）/旋转（R）]：

标注文字 = 600

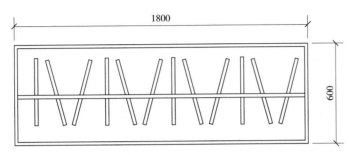

图 1.6.18　衣柜图例绘制步骤 6

1.6.5　会议桌图例绘制

具体步骤如下：

（1）绘制会议桌面，如图 1.6.19 和图 1.6.20 所示。命令：REC；O；A；MI。

命令：L/LINE

指定第一个点：

指定下一点或 [放弃（U）]：1272

指定下一点或 [放弃（U）]：

命令：O/OFFSET

当前设置：删除源 = 否　图层 = 源　OFFSETGAPTYPE=0

指定偏移距离或 [通过（T）/删除（E）/图层（L）]<4213.0000>：4213

选择要偏移的对象，或 [退出（E）/放弃（U）]<退出>：

指定要偏移的那一侧上的点，或 [退出（E）/多个（M）/放弃（U）]<退出>：

选择要偏移的对象，或 [退出（E）/放弃（U）]<退出>：

命令：ARC

圆弧创建方向：逆时针（按住 Ctrl 键可切换方向）。

指定圆弧的起点或 [圆心（C）]：* 取消 *

图 1.6.19　会议桌图例绘制步骤 1

命令：MI/MIRROR

选择对象：找到 1 个

选择对象：指定镜像线的第一点：指定镜像线的第二点：

要删除源对象吗？［是（Y）/ 否（N）］<N>：

命令：指定对角点或［栏选（F）/ 圈围（WP）/ 圈交（CP）］：

命令：MI/MIRROR 找到 1 个

指定镜像线的第一点：指定镜像线的第二点：

要删除源对象吗？［是（Y）/ 否（N）］<N>：

命令：指定对角点或［栏选（F）/ 圈围（WP）/ 圈交（CP）］：

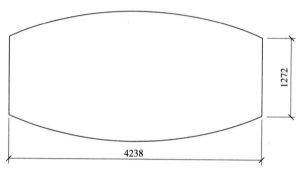

图 1.6.20　会议桌图例绘制步骤 2

（2）绘制会议桌面造型，如图 1.6.21～图 1.6.23 所示。命令：O ; TR ; L ; MI。

命令：O/OFFSET

当前设置：删除源 = 否　图层 = 源　OFFSETGAPTYPE=0

指定偏移距离或［通过（T）/ 删除（E）/ 图层（L）］<30.0000>：507

选择要偏移的对象，或［退出（E）/ 放弃（U）］< 退出 >：

指定要偏移的那一侧上的点，或［退出（E）/ 多个（M）/ 放弃（U）］< 退出 >：

选择要偏移的对象，或［退出（E）/ 放弃（U）］< 退出 >：

命令：O/OFFSET

当前设置：删除源 = 否　图层 = 源　OFFSETGAPTYPE=0

指定偏移距离或［通过（T）/ 删除（E）/ 图层（L）］<500.0000>：80

选择要偏移的对象，或［退出（E）/ 放弃（U）］< 退出 >：

指定要偏移的那一侧上的点，或［退出（E）/ 多个（M）/ 放弃（U）］< 退出 >：

选择要偏移的对象，或［退出（E）/ 放弃（U）］< 退出 >：＊取消＊

命令：TR/TRIM

当前设置：投影 =UCS，边 = 无

选择剪切边 . . .

选择对象或 ＜全部选择＞：

选择要修剪的对象，或按住 Shift 键选择要延伸的对象，或

[栏选（F）/窗交（C）/投影（P）/边（E）/删除（R）/放弃（U）]：指定对角点：

选择要修剪的对象，或按住 Shift 键选择要延伸的对象，或

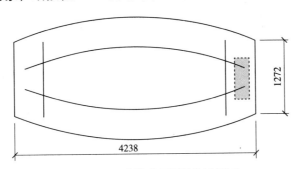

图 1.6.21 会议桌图例绘制步骤 3

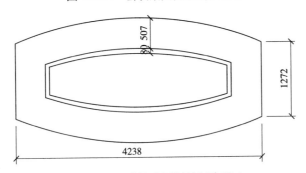

图 1.6.22 会议桌图例绘制步骤 4

命令：L/LINE

指定第一个点：

指定下一点或［放弃（U）]：

指定下一点或［放弃（U）]：

命令：L/LINE

指定第一个点：

指定下一点或［放弃（U）]：

指定下一点或［放弃（U）]：

命令：L/LINE

指定第一个点：

指定下一点或［放弃（U）]：

指定下一点或［放弃（U）]：

命令：L/LINE

指定第一个点：

指定下一点或［放弃（U）]：

指定下一点或［放弃（U）］：

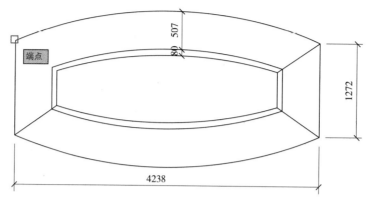

图 1.6.23　会议桌图例绘制步骤 5

（3）绘制座椅顺序，如图 1.6.24 ~ 图 1.6.27 所示。命令：CO；B；I；MI。

命令：CO/COPY 找到 1 个

当前设置：复制模式 = 多个

指定基点或［位移（D）/ 模式（O）］< 位移 >：

指定第二个点或［阵列（A）］< 使用第一个点作为位移 >：

指定第二个点或［阵列（A）/ 退出（E）/ 放弃（U）］< 退出 >：

命令：B/BLOCK 找到 76 个

指定插入基点：

图 1.6.24　会议桌图例绘制步骤 6

命令：I / INSERT

指定插入点或［基点（B）/ 比例（S）/X/Y/Z/ 旋转（R）］：

命令：INSERT

指定插入点或［基点（B）/ 比例（S）/X/Y/Z/ 旋转（R）］：

命令：指定对角点：

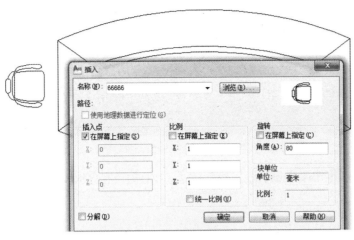

图 1.6.25　会议桌图例绘制步骤 7

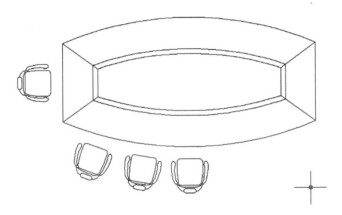

图 1.6.26　会议桌图例绘制步骤 8

命令：MI/MIRROR 找到 1 个

指定镜像线的第一点：指定镜像线的第二点：

要删除源对象吗？［是（Y）/ 否（N）］＜N＞：

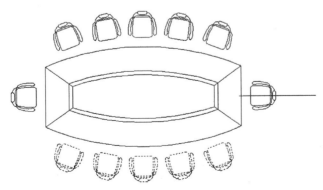

图 1.6.27　会议桌图例绘制步骤 9

1.6.6　马桶图例绘制

具体步骤如下：

（1）绘制马桶轮廓，如图1.6.28~图1.6.30所示。命令：REC；ELL；TR；F。

命令：REC/RECTANG

指定第一个角点或［倒角（C）/标高（E）/圆角（F）/厚度（T）/宽度（W）］：

指定另一个角点或［面积（A）/尺寸（D）/旋转（R）］：@500,800

命令：ELL/ELLIPSE

指定椭圆的轴端点或［圆弧（A）/中心点（C）］：/A

指定椭圆弧的轴端点或［中心点（C）］：

指定轴的另一个端点：

指定另一条半轴长度或［旋转（R）］：

指定起始角度或［参数（P）］：

指定终止角度或［参数（P）/包含角度（I）］：指定圆弧的端点：

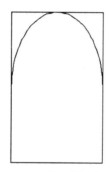

图1.6.28　马桶图例绘制步骤1

命令：TR/TRIM

当前设置：投影=UCS，边=无

选择剪切边 ...

选择对象或 <全部选择>：

选择要修剪的对象，或按住 Shift 键选择要延伸的对象，或

［栏选（F）/窗交（C）/投影（P）/边（E）/删除（R）/放弃（U）］：指定对角点：

选择要修剪的对象，或按住 Shift 键选择要延伸的对象，或

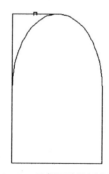

图1.6.29　马桶图例绘制步骤2

命令：F/FILLET

当前设置：模式 = 修剪，半径 = 30.0000

选择第一个对象或［放弃（U）/多段线（P）/半径（R）/修剪（T）/多个（M）］：

选择第二个对象，或按住 Shift 键选择要应用角点的对象：

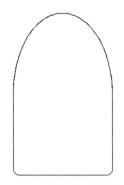

图 1.6.30　马桶图例绘制步骤 3

（2）绘制马桶圈，如图 1.6.31 所示。命令：O；L；F。

命令：O/OFFSET

当前设置：删除源 = 否　图层 = 源　OFFSETGAPTYPE=0

指定偏移距离或［通过（T）/删除（E）/图层（L）］<50.0000>：50

选择要偏移的对象，或［退出（E）/放弃（U）］< 退出 >：

指定要偏移的那一侧上的点，或［退出（E）/多个（M）/放弃（U）］< 退出 >：

指定要偏移的那一侧上的点，或［退出（E）/多个（M）/放弃（U）］< 退出 >：

选择要偏移的对象，或［退出（E）/放弃（U）］< 退出 >：＊取消＊

命令：L/LINE 指定第一点：

指定下一点或［放弃（U）］：< 正交 关 >

指定下一点或［放弃（U）］：

命令：A/ARC 指定圆弧的起点或［圆心（C）］：

指定圆弧的第二个点或［圆心（C）/端点（E）］：e

指定圆弧的端点：

指定圆弧的圆心或［角度（A）/方向（D）/半径（R）］：< 正交 关 > d 指定圆弧的

起点切向：

命令：F/FILLET

当前设置：模式 = 修剪，半径 = 0.0000

选择第一个对象或［放弃（U）/多段线（P）/半径（R）/修剪（T）/多个（M）］：

r 指定圆角半径 <0.0000>：30

选择第一个对象或［放弃（U）/多段线（P）/半径（R）/修剪（T）/多个（M）］：

选择第一个对象或［放弃（U）/ 多段线（P）/ 半径（R）/ 修剪（T）/ 多个（M）］：

选择第二个对象，或按住 Shift 键选择要应用角点的对象：

命令：F/FILLET

当前设置：模式 = 修剪，半径 = 30.0000

选择第一个对象或［放弃（U）/ 多段线（P）/ 半径（R）/ 修剪（T）/ 多个（M）］：

选择第二个对象，或按住 Shift 键选择要应用角点的对象：

命令：F/FILLET

当前设置：模式 = 修剪，半径 = 30.0000

选择第一个对象或［放弃（U）/ 多段线（P）/ 半径（R）/ 修剪（T）/ 多个（M）］：

选择第二个对象，或按住 Shift 键选择要应用角点的对象：

命令：F/FILLET

当前设置：模式 = 修剪，半径 = 30.0000

选择第一个对象或［放弃（U）/ 多段线（P）/ 半径（R）/ 修剪（T）/ 多个（M）］：

选择第二个对象，或按住 Shift 键选择要应用角点的对象：

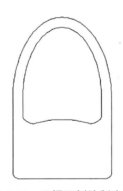

图 1.6.31　马桶图例绘制步骤 4

（3）绘制马桶水箱，如图 1.6.32 所示。命令：O；L；F；C；M。

命令：O/OFFSET

当前设置：删除源 = 否　图层 = 源　OFFSETGAPTYPE=0

指定偏移距离或［通过（T）/ 删除（E）/ 图层（L）]<50.0000>：20

选择要偏移的对象，或［退出（E）/ 放弃（U）]< 退出 >：

指定要偏移的那一侧上的点，或［退出（E）/ 多个（M）/ 放弃（U）]< 退出 >：

选择要偏移的对象，或［退出（E）/ 放弃（U）]< 退出 >：

指定要偏移的那一侧上的点，或［退出（E）/ 多个（M）/ 放弃（U）]< 退出 >：

选择要偏移的对象，或［退出（E）/ 放弃（U）]< 退出 >：

指定要偏移的那一侧上的点，或［退出（E）/ 多个（M）/ 放弃（U）]< 退出 >：

选择要偏移的对象，或［退出（E）/ 放弃（U）]< 退出 >：

指定要偏移的那一侧上的点，或［退出（E）/多个（M）/放弃（U）］<退出>：

命令：F/FILLET

当前设置：模式 = 修剪，半径 = 20.0000

选择第一个对象或［放弃（U）/多段线（P）/半径（R）/修剪（T）/多个（M）］：

选择第二个对象，或按住 Shift 键选择要应用角点的对象：

命令：C/CIRCLE 指定圆的圆心或［三点（3P）/两点（2P）/切点、切点、半径（T）］：

指定圆的半径或［直径（D）］<40.0000>：20

命令：指定对角点：

命令：M/MOVE 找到 1 个

指定基点或［位移（D）］<位移>：指定第二个点或 <使用第一个点作为位移>：

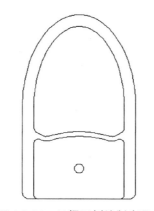

图 1.6.32　马桶图例绘制步骤5

1.6.7　圆餐桌椅图例绘制

具体步骤如下：

（1）绘制圆形餐桌，如图 1.6.33 所示。命令：C；O。

命令：C/CIRCLE

指定圆的圆心或［三点（3P）/ 两点（2P）/ 切点、切点、半径（T）］：

指定圆的半径或［直径（D）］<550.0000>：

命令：O/OFFSET

当前设置：删除源 = 否　图层 = 源　OFFSETGAPTYPE=0

指定偏移距离或［通过（T）/ 删除（E）/ 图层（L）］<通过>：30

选择要偏移的对象，或［退出（E）/ 放弃（U）］<退出>：

指定要偏移的那一侧上的点，或［退出（E）/ 多个（M）/ 放弃（U）］<退出>：

选择要偏移的对象，或［退出（E）/ 放弃（U）］<退出>：* 取消 *

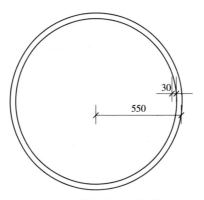

图 1.6.33　圆餐桌椅图例绘制步骤 1

（2）绘制椅子，如图 1.6.34 和图 1.6.35 所示。命令：CO；AR。

命令：AR/ARRAY

选择对象：指定对角点：找到 1 个

选择对象：拾取或按 Esc 键返回到对话框或 ＜单击鼠标右键接受阵列＞：

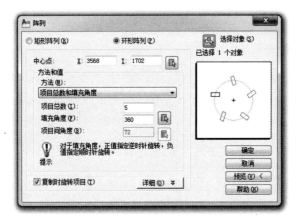

图 1.6.34　圆餐桌椅图例绘制步骤 2

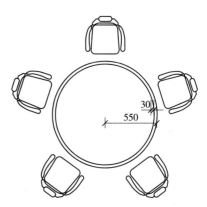

图 1.6.35　圆餐桌椅图例绘制步骤 3

单元小结

本单元主要介绍 AutoCAD 2014 软件的功能、界面、基本命令操作，以及使用多个室内设计图纸单体图例绘制步骤及方法等，并重点讲解使用 AutoCAD 绘图命令绘制单体图例的方法和技巧。

单元2　居住空间设计案例绘制

本单元从建筑图纸和室内设计图纸的识图开始，使学习者了解建筑图纸与室内设计图纸的区别。通过两套基础型的居住空间设计案例讲解 AutoCAD 的操作技巧和方法。

2.1　识图

2.1.1　建筑设计图纸识图规范

在建筑设计图纸中，l 表示梁、ll 表示连续梁、ql 表示圈梁、jl 表示基础梁、tl 表示梯梁、dl 表示地梁、z 表示柱、gz 表示构造柱、kz 表示框架柱、m 表示门、c 表示窗、@ 表示钢筋间距、φ 表示钢筋型号。

（1）规范的建筑设计图纸，需要设计者签名、建筑图纸负责人签名、审定者签名、校对人签名、并加盖出图章和注册执业章。

（2）建筑设计图纸中，长度一般以 mm 为单位，有说明的除外。看图时，应注意"建筑用料说明"与其他图纸的综合考虑。"建筑用料说明"中，在各小项的前面有"√"的，为该设计所采用的做法；没有"√"的，非该设计所采用的做法。

（3）例如，建筑设计图中标注的，"C20 钢筋混凝土 jl（240×400）配 4φ16 络φ6@200 箍"解读为：强度等级为 C20 的钢筋混凝土结构的基础梁，宽 240mm，高 400mm，配 4 条直径 16mm 的螺纹主钢筋，每间隔 200mm 箍一个直径 6mm 的钢筋长方形络（长 340 ~ 350mm，宽 180 ~ 190mm）。

（4）例如建筑设计图中标注的，"C20 钢筋混凝土小柱（240×240）配 4φ12 箍6@200"其中，"6@200"为不规范标注，应为"φ6@200"。解读为：强度等级为 C20 的钢筋混凝土结构的小柱，截面长 240mm、宽 240mm，配 4 条直径 12mm 的螺纹主钢筋，每间隔 200mm 箍一个直径 6mm 钢筋的长方形络。小柱高度为该工程所标示的层高减去圈梁的高度后加上板面的厚度，因为圈梁与板面是浇筑在一起的。

（5）例如，建筑设计图中标注的"M5 水泥砂浆砌 MU10 贝灰砂砖"，"M5"表示水泥砂浆的强度等级；"MU10"表示贝灰砂砖的强度等级，即贝灰砂砖的抗压强度平均值不小于 10MPa。

（6）ql 表示圈梁。圈梁的做法，通常用于砖混房屋建筑结构（混合结构），即先砌墙，后用钢筋混凝土浇筑圈梁及板面。

（7）框架结构的做法，即先浇筑柱体、大梁、小梁、板面等。待拆掉模板后再砌墙体。

（8）根据建筑工程质量的要求，可以要求承建方提供钢筋（每批次）的合格证、水泥（每批次）的合格证、MU10贝灰砂砖（每批次）的合格证及水泥混凝土的测试合格证。

工程开工之前，需识图、审图，再进行图纸的会审。如果有识图、审图经验，再掌握一些要点，则可事半功倍。识图、审图的程序是熟悉拟建工程的功能，熟悉审查工程平面尺寸，熟悉审查工程立面尺寸，检查施工图中容易出错的部位有无出错，检查有无需要改进的地方。

建筑工程施工平面图一般有三道尺寸，第一道尺寸是细部尺寸，第二道尺寸是轴线间尺寸，第三道尺寸是总尺寸。在检查图纸时，检查第一道尺寸相加之和是否等于第二道尺寸，第二道尺寸相加之和是否等于第三道尺寸，并应留意边轴线是否为墙中心线。广东省制图习惯是边轴线为外墙外边线。识读工程平面图尺寸，先识读建施平面图，再识读本层结施平面图，最后识读水电空调安装、设备工艺、第二次装修施工图，检查它们是否一致。熟悉本层平面尺寸后，审查是否满足使用要求，如检查房间平面布置是否方便使用、采光通风是否良好等。

建筑工程建施图一般有正立面图、剖立面图、楼梯剖面图，这些图有工程立面尺寸信息；建施平面图、结施平面图上，一般也标有本层标高；梁表中，一般有梁表面标高；基础大样图、其他细部大样图，一般也有标高注明。通过这些施工图，可掌握工程的立面尺寸。

正立面图一般有三道尺寸，第一道是窗台、门窗的高度等细部尺寸，第二道是层高尺寸并标注有标高，第三道是总高度。审查立面图方法与审查平面图各道尺寸一样，即第一道尺寸相加之和是否等于第二道尺寸、第二道尺寸相加之和是否等于第三道尺寸。检查立面图中各楼层的标高是否与建施平面图中标高一致，再检查建施图中的标高是否与结施图中标高相符。

建施图各楼层标高与结施图相应楼层的标高应不完全相同，因为建施图中的楼地面标高是工程完工后的标高，而结施图中的楼地面标高仅为结构面标高，不包括装修面的高度，所以同一楼层，建施图中的标高应比结施图中的标高高出几厘米。这一点需特别注意，因有些施工图，把建施图中的标高标注在了相应的结施图上，如果不留意，施工中则会出错。

熟悉立面图后，主要检查门窗顶标高是否与其上一层的梁底标高一致；检查楼梯踏步的水平尺寸和标高是否有错，检查梯梁下竖向净空尺寸是否大于2.1m，是否出现碰头现象；当中间层出现露台时，检查露台标高是否比室内低；检查厕所、浴室楼地面是否低下几厘米，若不是，则要检查有无防溢水措施；最后与水电空调安装、设备工艺、第二次装修施工图相结合，检查建筑高度是否满足功能需求。

2.1.2 室内设计图纸识图规范

为了使建筑图样符合技术交流及设计、施工、存档的要求，需要制定制图标准。制图标准对图样的格式和表达方法等作了统一规定，制图时必须严格遵守。

室内设计制图既是学习室内设计的基础，也是同行进行交流的载体，更是室内设计最终实施的重要依据。

图纸是设计师表达自己设计思想的最基本的语言。

学习制图的主要目的在于帮助设计师正确、完整、规范地表达设计方案。

制图的规范化有助于提高工作质量和效率。

一套完整的室内设计包括以下几项内容：设计总说明；总平面图（别墅、公共空间要有分区域或各居室平面图）；各部位立面图及剖面图；节点大样图；固定家具制作图；电气平面图；电气系统图；给排水平面图（涉及改造部分）；顶视图；建筑立面图；装修材料表。

1. 平面设计图

平面设计图包括底部平面设计图和顶部平面设计图两部分。平面图应有墙、柱定位尺寸，并有确切的比例。无论图纸如何缩放，其绝对面积均不变。有了室内平面图后，设计师就可以根据不同的房间布局进行室内平面设计。设计师在布置之前一般会征询客户的想法。

卧室一般有衣柜、床、梳妆台、床头柜等家具；客厅则布置沙发、组合电视柜、矮柜，有可能还有一些盆栽植物；厨房里少不了矮柜、吊柜，还会放置冰箱、洗衣机等家用电器；卫生间里则设有抽水马桶、浴缸、洗脸盆三大件；书房里，写字台与书柜是必不可少的，如果是一个计算机爱好者，还会多一张电脑桌。

居家的家具可以自行购买，也可以委托设计师设计。如果房形不是很好，根据设计定做家具，则可取得较好的效果。

平面图表现的内容有三部分，第一部分标明室内结构及尺寸，包括居室的建筑尺寸、净空尺寸、门窗位置及尺寸；第二部分标明结构装修的具体形状和尺寸，包括装饰结构在内的位置、装饰结构与建筑结构的相互关系尺寸、装饰面的具体形状及尺寸、图上需标明材料的规格和工艺要求；第三部分标明室内家具，设备设施的安放位置及其与装修布局的尺寸关系，标明家具的规格和要求。

2. 设计效果图

设计效果图是在平面设计的基础上，把装修后的结果用透视的形式表现出来。通过效果图的展示，房主能够明确装修完工后房间的表现形式。它是房主最后决定装修与否的重要依据。也是装修设计中的重要文件。装饰效果图有黑色及彩色两种，由于彩色效果图能够真实、直观地表现各装饰面的色彩，所以它对选材和施工也具有重要作用。但应指出的是，效果图表现装修效果，在实际工程施工中受材料、工艺的制约，很难完全实现。因此，实际装修效果与效果图有一定差距是合理的、正常的。

3. 设计施工图

施工图是装修得以进行的依据，具体指导每个工种、工序的施工。施工图把结构要求、材料构成及施工的工艺技术要求等用图纸的形式交待给施工人员，以便准确、顺利地组织和完成工程。

施工图包括立面图、剖面图和节点图。

施工立面图是室内墙面与装饰物的正投影图，标明了室内的标高、吊顶装修的尺寸及梯次造型的相互关系尺寸，墙面装饰的式样及材料、位置尺寸，墙面与门、窗、隔断的高度尺寸，墙与顶、地的衔接方式等。

剖面图是将装饰面剖切，以表达结构构成的方式、材料的形式和主要支承构件的相互关系等。剖面图标注有详细尺寸、工艺做法及施工要求。

节点图是两个以上饰面的会交点，按垂直或水平方向切开，以标明饰面之间的对接方式和固定方法。节点图应详细表现出饰面连接处的构造，注有详细的尺寸及收口、封边的施工方法。

在设计施工图时，无论是剖面图还是节点图，都应在立面图上标明，以便正确指导施工。

2.2 家居空间中的人体工程学知识

随着人们生活水平的提高和科学技术的进步，对生活环境在舒适性、效率性和安全便捷性等方面有了更高的要求，技术与科学的进步也要求室内设计对解决这一系列的问题有严谨和科学的方法。这就要求设计师对"人"有一个科学、全面的了解，人体工程学正是这样的一门关于"人"的学科。

2.2.1 人体工程学在室内环境设计中的应用

人体工程学是一门新兴的学科，其在室内环境设计中应用的深度和广度，有待于进一步认真开发，目前在以下4个方面已有应用。

（1）确定人和人际交往在室内活动所需的空间。根据人体工程学中的有关计测数据，从人的尺度、动作域、心理空间以及人际交往的空间等，确定空间范围。

（2）确定家具、设施的形体、尺度及其使用范围。家具设施为人所使用，因此它们的形体、尺度必须以人体尺度为主要依据；同时，人们为了使用这些家具和设施，其周围必须留有活动和使用的最小空间，这些要求都由人体工程科学地予以解决。室内空间越小，停留时间越长，对这方面内容测试的要求也就越高，如车厢、船舱、机舱等交通工具内部空间的设计。

（3）供适应人体的室内物理环境的最佳参数。室内物理环境包括室内热环境、声环境、光环境、重力环境、辐射环境等，掌握了相关的环境的参数，即可做出正确的决策。

（4）为室内视觉环境设计提供科学依据。人眼的视力、视野、光觉、色觉是视觉的要素，人体工程学通过计测得到的人体基础数据，为室内光照设计、室内色彩设计、视觉最佳区域等提供了科学的依据。

2.2.2 人体基础数据

人体基础数据主要有下列 3 个方面,即有关人体构造、人体尺度以及人体动作域等的有关数据。

1. 人体构造

与人体工程学关系最紧密的是运动系统中的骨骼、关节和肌肉,这几部分在神经系统支配下,使人体各部分完成一系列的运动。骨骼由颅骨、躯干骨、四肢骨 3 部分组成,脊柱可完成多种运动,是人体的支柱,关节起骨间连接且能活动的作用,肌肉中的骨骼肌受神经系统指挥收缩或舒张,使人体各部分协调动作。

肌肉是人体运动系统的动力。人的全身有 639 块肌肉,占体重的 40% 。肌肉包括骨骼肌、平滑肌、心肌。

关节是人体杠杆的重要连接方式和连接结构,如图 2.2.1 所示。

韧带是帮助维持关节的稳定性和防止关节异常活动。

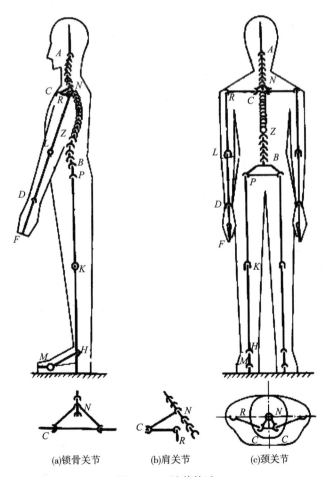

(a)锁骨关节　　　(b)肩关节　　　(c)颈关节

图 2.2.1　关节构造

2. 人体尺度

人体尺度是人体工程学研究的最基本的数据之一。

公元前 1 世纪，罗马建筑师维特鲁威就从建筑学的角度对人体尺寸进行了较完整的论述，并且发现人体基本上以肚脐为中心。一个男人挺直身体、两手侧向平伸的长度恰好就是其高度，双足和双手的指尖正好在以肚脐为中心的圆周上。按照维特鲁威的描述，文艺复兴时期的意大利画家达·芬奇创作了著名的人体比例图，如图 2.2.2 所示。

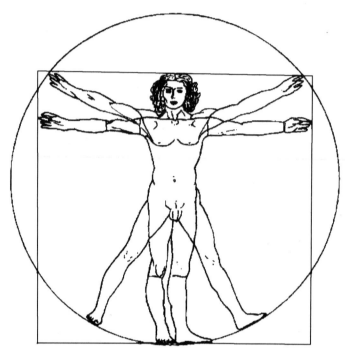

图 2.2.2　人体比例图

人体尺寸的测量可分为两类，即构造尺寸和功能尺寸。

（1）构造尺寸。是指静态的人体尺寸，它是人体处于固定的标准状态下测量的，如手臂长度、腿长度、坐高等，以及家具、服装和手动工具等，如图 2.2.3 所示。

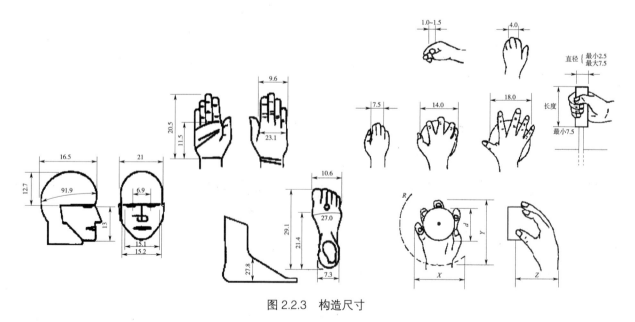

图 2.2.3　构造尺寸

（2）功能尺寸。是指动态的人体尺寸，是人在进行某种功能活动时肢体所能达到的空间范围，如图2.2.4所示。

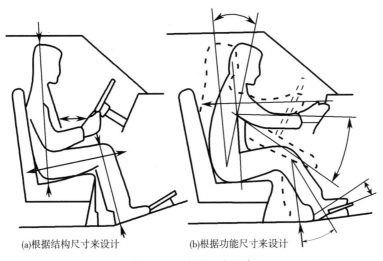

(a)根据结构尺寸来设计　　(b)根据功能尺寸来设计

图2.2.4　功能尺寸设计

3. 人体动作域

动作域指人们在室内进行各种工作和生活活动范围的大小，是确定室内空间尺度的重要依据因素之一。以各种计测方法测定的人体动作域，也是人体工程学研究的基础数据。

如果说人体尺度是静态的、相对固定的数据（见表2.2.1），人体动作域的尺度则为动态的，其动态尺度与活动状态有关，如图2.2.5所示。

表2.2.1　不同地区人体各部平均尺寸　　　　　单位：mm

部 位	较高人体地区（冀、鲁、辽）		中等人体地区（长江三角洲）		较低人体地区（四川）	
	男	女	男	女	男	女
人体高度	1690	1580	1670	1560	1630	1530
肩宽度	420	387	415	397	414	386
肩峰至头顶高度	293	285	291	282	285	269
正立时眼的高度	1573	1474	1547	1443	1512	1420
正坐时眼的高度	1203	1140	1181	1110	1144	1078
胸廓前后径	200	200	201	203	205	220
上臂长度	308	291	310	293	307	289
前臂长度	238	220	238	220	245	220
手长度	196	184	192	178	190	178
肩峰高度	1397	1295	1379	1278	1345	1261
$\frac{1}{2}$（上肢展开全长）	867	705	843	787	848	791
上身高度	600	561	586	546	565	524
臀部宽度	307	307	309	319	311	320
肚脐高度	992	948	983	925	980	920
指尖至地面高度	633	612	616	590	606	575
上腿长度	415	395	409	379	403	378
下腿长度	397	373	392	369	301	365
脚高度	68	63	68	67	67	65
坐高、头顶高	893	846	877	825	850	793
腓骨头的高度	414	390	409	382	402	382
大腿水平长度	450	435	445	425	443	422
肘下尺	243	240	239	230	220	216

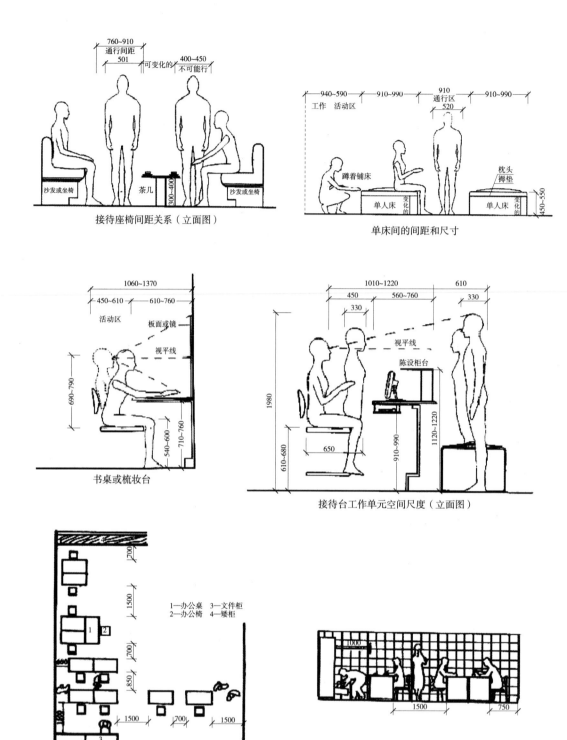

图 2.2.5　动态尺度

　　室内设计时，人体尺度具体数据尺寸的选用，应考虑在不同空间与围护的状态下，人们动作和活动的安全，以及对大多数人的适宜尺寸，并强调其中以安全为前提。例如，对门洞高度、楼梯通行净高、栏杆扶手高度等，应取男性人体高度的上限，并适当加以人体动态时的余量进行设计；对踏步高度、上搁板或挂钩高度等，应按女性人体的平均高度进行设计。

　　家具的一般尺寸如下：

衣橱深度一般为 600 ～ 650mm；推拉门宽度为 700mm；衣橱门宽度为 400 ～ 650mm，高度为 1900 ～ 2400mm。

矮柜深度为 350 ～ 450mm，柜门宽度为 300 ～ 600mm。

电视柜深度为 450 ～ 600mm，高度为 500 ～ 600mm。

单人床宽度为 900mm、1050mm、1200mm，长度为 1800mm、1860mm、2000mm、2100mm。

双人床宽度为 1350mm、1500mm、1800mm，长度为 1800mm、1860mm、2000mm、2100mm。

单人式沙发长度为 800 ～ 950mm，宽度为 850 ～ 900mm，坐垫高为 350 ～ 420mm，背高为 700 ～ 900mm。

双人式沙发长度为 1260 ～ 1500mm，宽度为 800 ～ 900mm。

三人式沙发长度为 1750 ～ 1960mm，宽度为 800 ～ 900mm。

四人式沙发长度为 2320 ～ 2520mm，宽度为 800 ～ 900mm。

2.3 现场测绘、原始图纸绘制和设计方案分析

2.3.1 现场测绘

因建筑误差的存在，所以在室内设计之前，需要进行现场测绘，进行尺寸核实。现场测绘是房屋装修的第一步，这个环节是非常必需和重要的。它是指设计师或者业主对拟装修的居室进行现场勘测，并进行综合考察的过程。

1. 装修现场测绘的作用

（1）了解房屋详细尺寸数据。通过现场测绘，准确地了解房屋内各房间的长、宽、高以及门、窗、空调、暖气等的位置。现场测绘对装修报价有直接的影响。

（2）了解房屋格局利弊情况。现场测绘，设计师会仔细观察房屋的位置和朝向、周围的环境状况（噪声、空气质量、采光等），这些都将影响后期的设计。如果遇到房子格局或外部环境不好的情况，就需要通过设计来弥补或改善。

（3）保证后期房屋装修质量。现场测绘精确，设计才能准确。否则，可能出现后期施工时，因尺寸不对而无法实现设计意图，不得不进行设计更改或者项目更改的情况。一些项目，如上下水、暖气、煤气，其位置如果没有经过测量或者测量不准确，就有可能出现购置的坐便器、水盆等因尺寸不对无法安装的情况。

（4）方便设计师与业主实地交流。现场测绘时，设计师和业主都会到场，如果业主对房屋的设计有自己的想法，可借此机会与设计师深入沟通。另外，如果业主需要提前订购

主材，也应在现场和设计师进行沟通后再做决定。

2. 现场测绘前的准备事项

量房现场测绘前记得携带好房屋图纸，包括房屋建筑水电图以及建筑结构图、户型图等。

现场测绘前还应了解房屋所在的小区物业对房屋装修的具体规定，例如在水电改造方面的具体要求、房屋外立面可否拆改、阳台窗能否封闭等，以避免不必要的麻烦。

现场测绘常用工具（图2.3.1）有卷尺、纸、笔。卷尺的长度应超过5m。其他工具还有相机、绘图板、激光测量仪等。

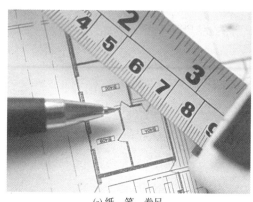

(a) 纸、笔、卷尺　　　　　　　　　　(b) 测距仪

图 2.3.1　现场测绘工具

3. 绘制房间图纸

如果没有携带房屋户型图，就需要现场在纸上画出大概的平面结构图。图不需要太讲求尺寸，只要能进行数据标记就行。

4. 实施测量

现场测量是个琐碎的过程，从测量的动作上来分，基本可分为量、看、摸、照、问。

5. 拍照留存底档

为了对整个空间有更好的把握，最好在量房的时候拍照留底，有利于后期设计的准确。

6. 现场测绘的方法

（1）定量测量。主要测量各个厅室内的长、宽、高，计算出每个用途不同的房间的面积。并根据业主喜好与日常生活习惯提出合理化的建议。

（2）定位测量。在这个环节的测量中，主要标明门、窗、空调孔的位置，窗户需要标量数量。在厨卫的测量中，落水管的位置、孔距、马桶坑位孔距、离墙距离、烟管的位置、煤气管道位置、管下距离、地漏位置都需要做出准确的测量，以便在日后的设计中准确定位。

（3）高度测量。正常情况下，房屋的高度应当是固定的。但由于各个房屋的建筑、构造不同，也可能会有一定的落差，在设计师进行高度测量中，要仔细查看房间的每个区域的高度是否出现落差，以便在日后的设计图纸中做到准确无误。

7. 现场测绘的一般技巧

现场测绘的正确顺序一般从入户门开始，转一圈量，最后回到入户门另一边，把房屋内所有的房间测量一遍。如果是多层的，为了避免漏测，测量的顺序要一层测量完后再测量另外一层，而且房间的顺序要从左到右。

现场测绘的一般步骤和内容如下：

（1）量出具体数据。测量各个房间墙地面长宽高、墙体及梁的厚度、门窗高度及距墙高度是第一步，也是必需的。

（2）查看相关位置。要查看各种管道、暖气、煤气、地漏、强弱电箱，并标注具体位置。具体应涵盖包完上下水管道后的位置、坐便器下水的墙距、地漏具体位置、暖气的长宽高度。

（3）触摸墙体表面。原墙面的基层处理直接关系到后期施工项目及施工质量，有经验的设计师可以通过目测、摸墙等方式来判断基层处理的质量，以及是否需要进行重新处理。

用卷尺量出具体一个房间的长度、高度时，长度要紧贴地面测量［图2.3.2(a)］，高度要紧贴墙体拐角处测量。没有特殊情况，层高基本是一定的，找两个地方量一下层高平均就可以了。

门窗应该采取等定位的方法，所有的尺寸都分段，就像几何一样分割成若干个，量了之后数据随时记录下来，先测量门本身的长、宽、高，再测量这个门与所属墙体的左、右间隔尺寸，测量门与天花的间隔尺寸，如图2.3.2(b)所示。

（a）测量房间尺寸　　　　　　　　　　　　（b）测量门窗

图2.3.2　现场测绘的方法

8. 现场测绘的注意事项

现场测绘需要细致，减少误差。有特殊之处用不同颜色的笔标示清楚；在全部测量完后，再全面检查一遍，以确保测量的准确、精细；如使用卷尺测量长度，需要两个人配合才行，否则很容易造成数据不准确。

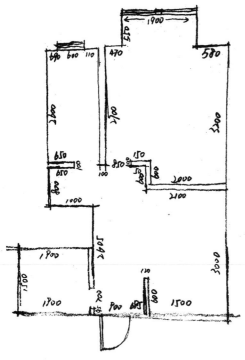

图 2.3.3　现场测绘原始图纸

2.3.2　原始平面图纸绘制

1. 现场测绘原始图纸

现场测绘图纸要求工整、尺寸标注清晰，需要把现场的情况尽可能详细地记录下来。如图 2.3.3 所示。

2. 原始平面图纸绘制

原始平面图纸是下一步进行设计的重要资料文件，所以绘制时一定要与现场尺寸一致，尽量减少误差。尺寸标注清晰，把现场的情况（特别是结构柱和承重墙的位置）进行详细的记录，结构柱和承重墙应按制图规范填充成黑色，如图 2.3.4 所示。

（1）绘制原始平面图纸框架。具体步骤如下：绘制墙体和门窗，如图 2.3.5 所示，命令：L、O、F。

（2）填充结构墙。具体步骤如下：使用填充图案命令填充。如图 2.3.6 所示，命令：H。

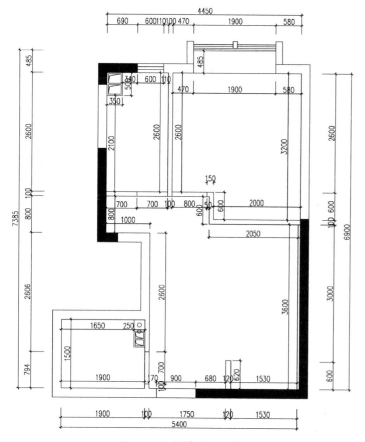

图 2.3.4　原始平面图纸

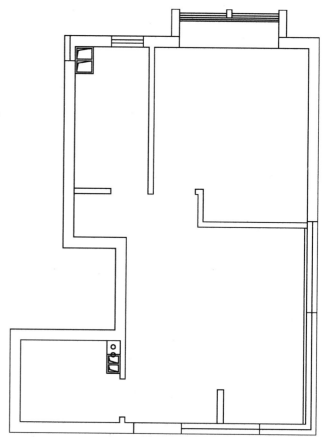

图 2.3.5　绘制墙体和门窗

(a) 选取填充图案   (b) 选取拾取点

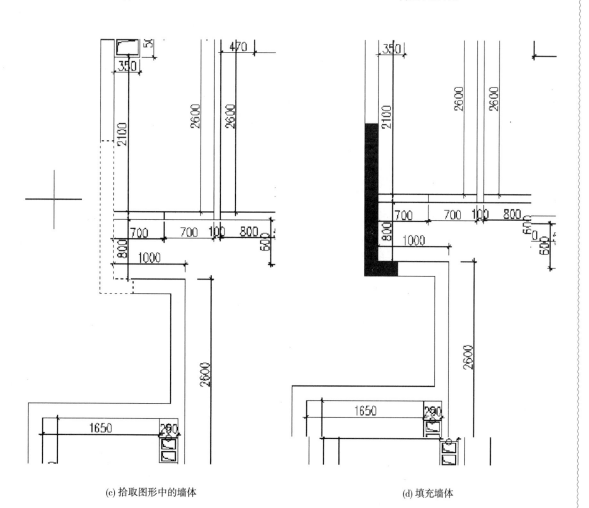

(c) 拾取图形中的墙体   (d) 填充墙体

图 2.3.6 填充结构墙

2.3.3 设计方案分析

本方案是一套一室一厅居住空间，整体的设计风格简单、明快，属于简约大方型设计。设计优点是经济实用、美观大方、温馨典雅。客厅地板采用米白人造大理石，显得大气，又易于清洗；其价格便宜，对正在供房、供车的现代白领来说，经济实惠；大理石地面在视觉上可夸大客厅面积，使本来不大的空间在视觉上得到延伸和扩展。选择米白色布艺沙发，与米白色的地板相呼应。浅色系是年轻人的最爱，能彰显气质和视觉美感，给人眼前一亮的感觉。电视墙的装饰采用了大面积的白墙，并采用木板勾缝给单调的墙面装饰平添了几许趣味。大厅设计整体开放、通透，避免视觉上给人的压迫感，可缓解业主工作的疲惫。没有夸张，不显浮华，通过干干净净的设计手法，将业主的工作空间巧妙地融入到生活空间中。

客厅吊顶为一级直线吊顶。吊顶设计充分考虑了房间的高度，只做了一个简单的直线造型，凸显简洁流畅的设计风格，营造了视觉上高敞、宽阔的效果。吊顶内置多个筒灯，以满足不同的照明需求。吊顶中央设计了一盏实用的水晶大吊灯，营造高贵、温馨之感。

卧室的设计首先考虑的是使人感到舒适和安静。主卧室的地板采用实木地板，冬暖夏凉，并有较好的隔声功能。卧室的面积不大，除摆放双人床外，还留有一定的面积摆放卧室家具，如衣柜、床头柜、地灯等。卧室设计的核心是床和衣橱，其他的家具和摆设根据业主自己的习惯来添加。

卧室应选用可调节亮度的灯具，因为有些人喜欢在昏暗的灯光下入睡，而有些人则会在柔和的灯光下阅读。

厨房采用 L 形整体橱柜，以节约空间。并摆放冰箱和日常用品。厨房墙面采用 100mm×100mm 瓷砖。橱柜表面采用防火板，内置抽屉和金属拉篮等。

本设计以简洁明快为主要特色，重视室内使用功能，强调室内布置应按功能区分的原则进行，家具布置与空间密切配合。这样不仅节约空间和材料，而且使室内布置清爽、有序，富有时代感和整体美，体现了现代派所追求的"少就是多"的简约化设计。

但本设计中也存在许多不足，如光源的设置没有到位，考虑得不够完善，有些空间没有充分被利用，存在死角等。

2.4 室内设计图纸的绘制

2.4.1 绘制平面布置图

1. 平面布置图绘图规范

（1）平面布置图生活区域有名称作主目编号。

（2）需要标注材料构造做法等信息。

（3）平面图必须有统一的向位标识。

2. 平面布置图的绘制

设计平面图绘制的时候需要符合人体工程学，功能布局合理，流线顺畅，家具配饰与整体风格协调，如图 2.4.1 所示。

（1）绘制定位墙体。复制原始平面图的墙体，并根据设计要求绘制定位墙体，如图 2.4.2 所示。所用命令：CO、L、F。

（2）绘制家具配饰。复制原始平面图的墙体，并根据设计要求绘制与设计风格协调的家具配饰，符合人体工程学的基本理论，空间功能和布局均合理，如图 2.4.3 所示。所用命令：CO、L、F、C。

（3）标注尺寸、工艺做法。标注主要尺寸、装饰具体尺寸、工艺做法，如图 2.4.4 所示，所用命令：DLI、DCO、LE。

2.4.2 绘制地材图

复制平面布置图，并根据设计要求对地面进行不同材质的区分和填充，注意在绘制地材图填充图案时须注意地材的比例，如图 2.4.5 所示。所用命令：CO、L、F、H。

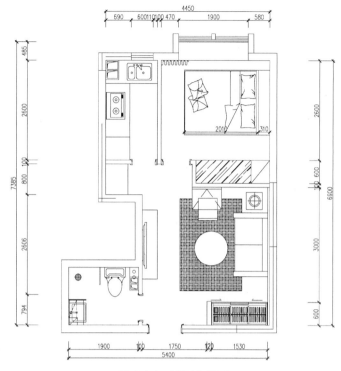

图 2.4.1　平面布置图

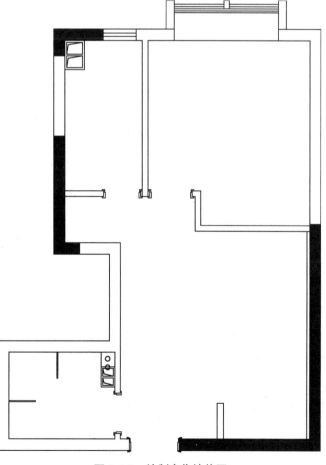

图 2.4.2　绘制定位墙体图

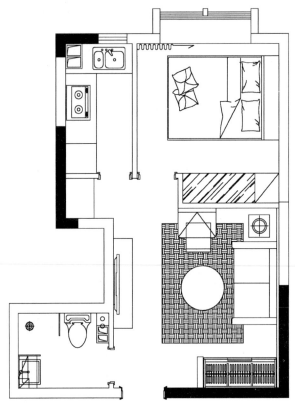

图 2.4.3 绘制家具配饰

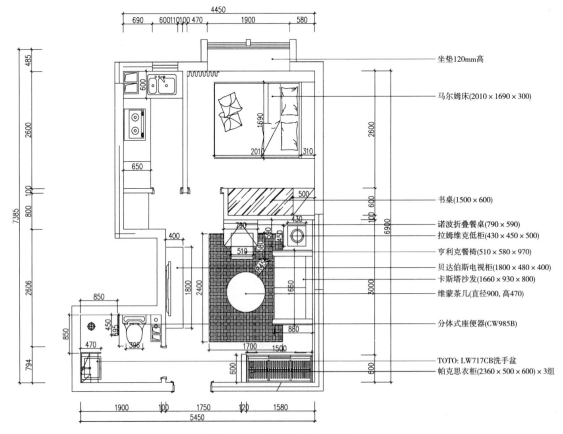

坐垫120mm高

马尔姆床(2010×1690×300)

书桌(1500×600)

诺波折叠餐桌(790×590)
拉姆维克低柜(430×450×500)

亨利克餐椅(510×580×970)

贝达伯斯电视柜(1800×480×400)

卡斯塔沙发(1660×930×800)

维蒙茶几(直径900, 高470)

分体式座便器(CW985B)

TOTO: LW717CB洗手盆
帕克思衣柜(2360×500×600)×3组

图 2.4.4 标注尺寸工艺做法

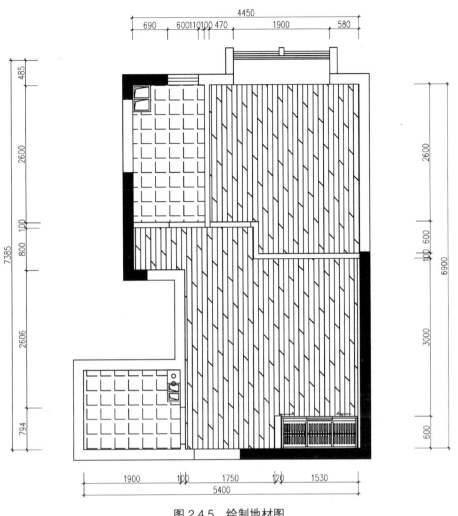

图 2.4.5　绘制地材图

2.4.3　绘制天花图

1. 天花图的绘制规范

（1）必须有施工吊顶制作的标高尺寸。

（2）异面、弧面吊顶造型设计，必须有剖面引索示意，附后页加以专图剖示，并有详细的施工说明。

（3）顶棚制作涉及其他安装配置要求的，必须按设计要求位置索引至其他图纸进行明确标注。例如，通风口安全检查口、灯线位置等，应有剖面经平面图索引至专业图纸的设计说明，图纸归属顶平面图内容。

（4）顶角线的施工制作，其结构必须有剖面施工设计尺寸的标注。

2. 绘制天花图

复制平面图，删除家具、配饰、门。将门洞口进行封堵，把吊顶的尺寸、构造、工艺、灯具进行详细标注，如图 2.4.6 所示。所用命令：CO、L、F、H、LE、T。

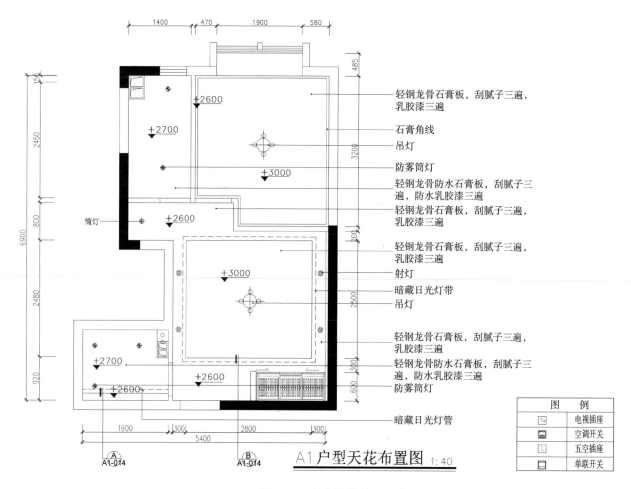

图 2.4.6　绘制天花图

2.4.4　绘制立面图纸

1.立面图纸绘制规范

（1）立面图所设计内容中各部位关系尺寸的标注。立面图不单纯标注制作设计的尺寸，立面范围内其他与之相关的尺寸必须标注明确，如图 2.4.7 所示。

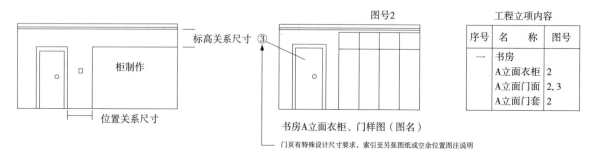

图 2.4.7　立面图须标明尺寸

（2）立面图所涉及的设计施工项目内容，必须与平面索引中的表图号相对应。图名与平面图向位必须准确标注。如图 2.4.8 所示，A 对应的立面图与平面向位相对应，准确并一致。

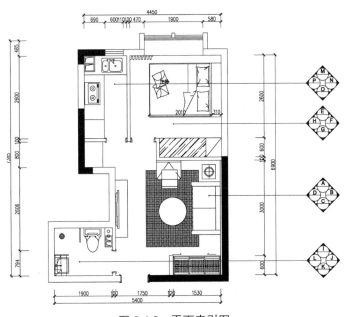

图 2.4.8　平面索引图

（3）立面设计图必须有侧面全剖面或半剖面，节点结构应有局部剖示加以设计说明，尺寸位置关系，家具制作的柜门结构侧面示意。

（4）立面图因幅面内容多影响设计施工图识图效果，应将其他有特殊尺寸要求的内容，索引至立面图后页进行详尽的图注说明。

2. 绘制立面图

立面图绘制应与平面对应，标注清晰并明确。所用工具所有二维命令，如图 2.4.9 所示。

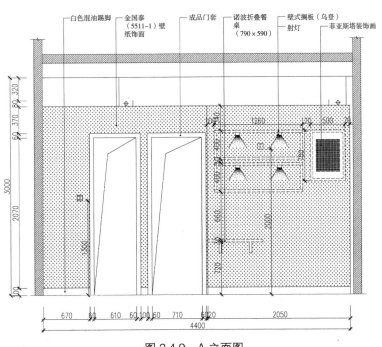

图 2.4.9　A立面图

2.4.5 输出图纸

打印输出与图形的绘制、修改和编辑等过程同等重要，只有将设计的成果打印输出到图纸上，才算完成了整个绘图过程。

在打印输出之前，首先需要配置好图形输出设备。目前，图形输出设备很多，常见的有打印机和绘图仪两种，由于打印机和绘图仪都趋向于激光和喷墨输出，已经没有明显的区别，因此，在 AutoCAD 2014 中，将图形输出设备统称为绘图仪。一般情况下，使用系统默认的绘图仪即可打印出图形。如果系统默认的绘图仪不能满足用户需要，可以添加新的绘图仪。下面讲述在模型空间打印本章所绘室内设计平面图的方法。具体操作步骤如下：

（1）打开前面保存的"一室一厅平面图 .dwg"文件。

（2）选择"文件"→"打印"命令，或者按快捷键 Ctrl+P，弹出"打印"对话框，如图 2.4.10 所示。

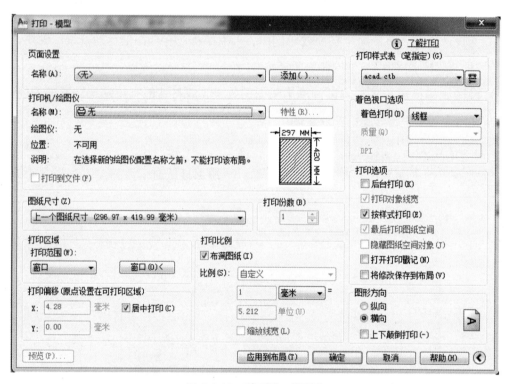

图 2.4.10 "打印"对话框

（3）在"打印"对话框中的绘图仪选项区域中的下拉列表框中选择系统所使用的绘图仪类型，本例中选择"DWF6 ePlot.pc3"型号的绘图仪作为当前绘图仪。

（4）新建图纸。

1）单击"名称"下拉列表框中"DWF6 ePlot.pc3"绘图仪右面的特性按钮，弹出"绘图仪配置编辑器 –DWF6 ePlot.pc3"对话框，如图 2.4.11 所示。激活"设备和文档设置"选项卡，选择"修改标准图纸尺寸"选项，打开修改标准图纸尺寸选项区域。

2）单击"自定义图纸尺寸"，弹出"自定义图纸尺寸"对话框，如图2.4.12所示。新建420mm×297mm图纸，单击"下一步"按钮。

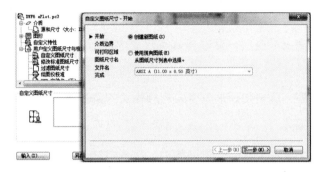

图2.4.11　绘图仪配置编辑器　　　　图2.4.12　"自定义图纸尺寸"对话框

3）单击自定义图纸尺寸完成对话框中的"完成"按钮，返回到绘图仪配置编辑器–DWF6 ePlot.pc3对话框。

（5）在图纸尺寸选项区域中的"图纸尺寸"下拉列表框内选择"用户定义420mm×297mm"图纸尺寸。

（6）在"打印"对话框中进行以下设置：在"打印比例"选项区域内勾选"布满图纸"复选框，使用窗口进行图形选择。

（7）设置完的打印对话框中单击"预览"按钮，进行预览，如对预览结果满意，就可以单击预览状态下工具栏中的"打印"按钮进行打印输出。

单元小结

本章主要通过讲解居住空间案例的绘制，从人体工学的要求入手，把量房、原始平面图绘制、平面图绘制、顶面图绘制、立面图绘制的技巧进行了讲解，并补充讲解了相关二维制图命令。最后讲解图形的输出方法。

3.1　公装设计与家装设计的区别

"家装""公装"统称为"室内设计"。室内设计源于建筑设计，随着时代的发展，它逐渐从建筑设计中分离出来自成一派。但其实，室内设计行业与建筑行业是分不开的。理论、设计、施工、材料、工具机械……都不能分开。公装泛指有一定规模的公共场所设施的装饰工程，例如商场、饭店、写字楼等。而家装则是与个人息息相关的身边事，几乎人人都有一个自己家的装饰蓝图。家装和公装所要服务的对象不同，故而设计的侧重点也有所不同。工装面对的是具有相同目的或共同特性的群体，专业分工较细。举例来说，商场的设计和装修目的是展示商品、促进销售从而提高其在同行业中的地位并赢得相应的利润，要从公众的角度考虑。家装则是要在确保使用功能的前提下，更多地融入居住者的个人色彩，从大的风格到小的配饰，从水电管线铺设到窗帘布艺的软性装饰，可谓"麻雀虽小，五脏俱全"。这就要求家装设计师素质要全面，不仅专业要强，还要有一定的生活经验，懂得品味生活。

功能适用是公装的首要条件，不同功能空间，氛围的营造不同，即便同是餐厅，因菜系及经营特色不同，最终所营造的店面气氛也相去甚远。独具特色的店面形象就像企业的标志，在无形中感染着每一位到访客户，增强了经营者在市场竞争中的优势。公办写字楼的装修不但包括办公写字楼的内部装潢，还包括房屋外部装饰。办公写字楼的装修不同于酒店、宾馆装修，讲求的是现代感、简约和实用，特别对采光、保温、通风的要求较高。公装尤其是商业场所的装修，其专业与否很大程度上取决于设计所创造的商业价值，商业空间追求通过设计使客户获取更高的利润。厂房装修包括吊顶、隔墙和地坪处理。工厂装修范围最广，不但包括厂房、车间、仓库，还会包括写字楼、办公室以及其他辅助设施的所有室内外的装修。

家居空间多姿多彩，其功能性根据主人生活习惯不同、居住条件不同而存在差异。家居氛围效果的营造主要考虑房屋主人的性情和审美，所以最终效果各具特色，但相对柔和、温馨的气氛是家居空间装饰氛围的主流。家装品质涵盖了设计、材料、施工等诸多细节。

绝大多数家装工程不涉及暖通系统、给排水系统、强弱电系统、监控系统、消防系统、污水处理系统等。但是，所有大型公装工程的室内设计，包括施工，必须与上述隐蔽工程配合。设计师在动笔设计之前，应当深入了解建筑设计情况，结合现场情况和业主的需求，清楚设计师应做哪些配合工作。一个好的设计师，先要对空间的建筑设计了如指掌，还应当发现问题，提前与建筑设计师进行沟通解决空间问题。

家装工程要简单得多，往往一个工头带几个工人就能完成。设计师也轻松许多，不像公装工程设计师整天泡在工地，与甲方、监理、施工人员沟通交涉，忙于解决一个个问题。

目前家装普遍不允许改动建筑结构。房屋的空间布局（包括设施）已经固定，不可改变，所以室内设计的一个重要内容——空间设计，在家装领域基本发挥不了。

但是公装设计，摆在设计师面前的是大量的空间设计问题。以酒店为例，建筑设计将底层设计为公共空间，对电梯位置、配电房位置、消防设备位置、化粪池等做了安排，其他则留给室内设计去处理了。因为酒店在筹建时，大都由业主策划，他们多数不是酒店管理的专家，只有一些模糊的概念性的构思。建筑设计师根据这些概念，设计外立面和环境、室内大空间、配套设施等。在建筑施工开始后，业主聘请酒店管理专业人员，对酒店功能、空间等进一步深化设计。聪明的业主会尽早地请室内设计师开始深入设计。室内设计师面对的问题是：酒店是几星级？大堂应该多大面积？包含哪些部分？大堂酒吧？咖啡厅？休息处？团队进出口？管理办公与客人的距离？公厕男女各安排几个蹲位？餐厨？仓库？……这一系列的问题，可以统称为"空间设计"。

在国外，十几年前，就有室内设计师自建筑设计开始就参与到建筑设计、结构设计中，与建筑设计师一同工作的例子，这当然是最好不过的了。

家装设计师如果长年累月只做家装设计，那么势必对公装设计生疏，甚至无所适从。丧失空间设计的机会，对室内设计师而言是一大遗憾。

3.2 某地板展厅的设计与制图

下面以地板展厅为例，讲解展厅空间图纸的绘制。

3.2.1 地板展厅的设计步骤

现场量房—完成功能、平面布局—地坪—天花—立面—节点（天花吊顶、隔墙）—输出图纸。

3.2.2 现场量房并绘制原始平面图

原始平面图如图 3.2.1 所示。

（1）所用工具：直线（L）、偏移（O）、圆角（F）、平移（鼠标滚轮）、全部显示视图（双击滚轮）、复制（CO）等。

（2）具体步骤如下：

1）按照上北下南方位，绘制第一条墙面水平投影直线（图 3.2.2）。

命令：L/1 LINE 指定第一点：

指定下一点或 [放弃（U）]：7440

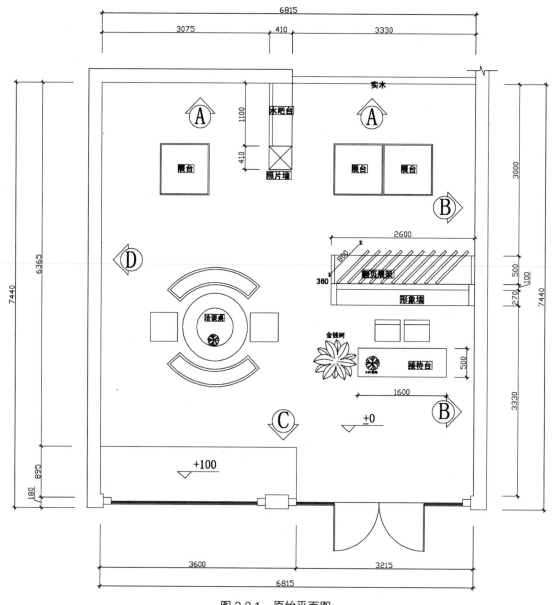

图 3.2.1　原始平面图

图 3.2.2　绘制第一条墙面直线

2）用同样的方法绘制其他墙面水平投影直线。

命令：L/l LINE 指定第一点：

指定下一点或［放弃（U）］：6815（图3.2.3）

指定下一点或［放弃（U）］：7440（图3.2.4）

指定下一点或［闭合（C）/放弃（U）］：6815（图3.2.5）

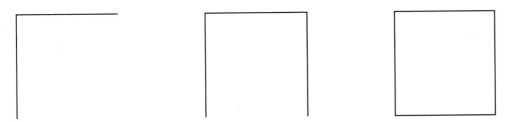

图 3.2.3　绘制第二条墙面直线　　　图 3.2.4　绘制第三条墙面直线　　　图 3.2.5　绘制第四条墙面直线

3）使用偏移命令绘制墙厚。

命令：O/OFFSET

当前设置：删除源＝否　图层＝源　OFFSETGAPTYPE=0

指定偏移距离或［通过（T）/删除（E）/图层（L）］<通过>：240（图 3.2.6）

选择要偏移的对象，或［退出（E）/放弃（U）］<退出>：

指定要偏移的那一侧上的点，或［退出（E）/多个（M）/放弃（U）］<退出>：

选择要偏移的对象，或［退出（E）/放弃（U）］<退出>：

指定要偏移的那一侧上的点，或［退出（E）/多个（M）/放弃（U）］<退出>：

（图 3.2.7）

选择要偏移的对象，或［退出（E）/放弃（U）］<退出>：

指定要偏移的那一侧上的点，或［退出（E）/多个（M）/放弃（U）］<退出>：

选择要偏移的对象，或［退出（E）/放弃（U）］<退出>：（图 3.2.8）

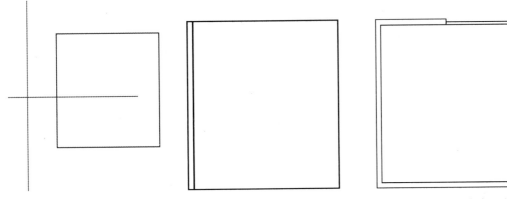

图 3.2.6　绘制墙厚　　　　图 3.2.7　绘制第一面墙体　　　图 3.2.8　重复偏移命令画出墙体

4）使用偏移命令，绘制门窗洞口距离。

命令：O/OFFSET

当前设置：删除源＝否　图层＝源　OFFSETGAPTYPE=0

指定偏移距离或［通过（T）/删除（E）/图层（L）］<240.0000>：3600（图 3.2.9）

选择要偏移的对象，或［退出（E）/放弃（U）］<退出>：

指定要偏移的那一侧上的点，或［退出（E）/多个（M）/放弃（U）］<退出>：

（图 3.2.10）

命令：O/OFFSET

当前设置：删除源=否　图层=源　OFFSETGAPTYPE=0

指定偏移距离或[通过（T）/删除（E）/图层（L）]<3600.0000>：3215（图3.2.11）

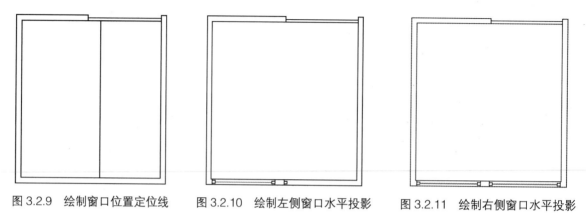

图3.2.9　绘制窗口位置定位线　　图3.2.10　绘制左侧窗口水平投影　　图3.2.11　绘制右侧窗口水平投影

5）使用圆角命令，将多余线条修剪掉。

命令：F/FILLET

当前设置：模式 = 修剪，半径 = 0.0000（图3.2.12）

选择第一个对象或[放弃（U）/多段线（P）/半径（R）/修剪（T）/多个（M）]：（图3.2.13和图3.2.14）

选择第二个对象，或按住Shift键选择要应用角点的对象：

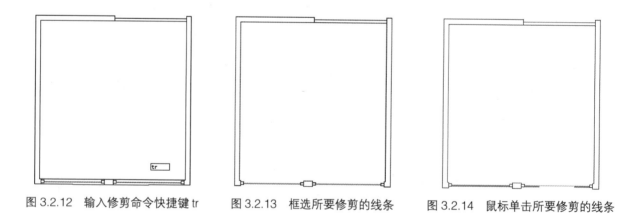

图3.2.12　输入修剪命令快捷键tr　　图3.2.13　框选所要修剪的线条　　图3.2.14　鼠标单击所要修剪的线条

3.2.3　功能平面定位

（1）所用工具：直线（L）、偏移（O）、圆角（F）、平移（鼠标滚轮）、全部显示视图（双击滚轮）、复制（CO）等、修剪（TR）。

（2）具体步骤：

1）根据展厅接待台的常用距离和人员流线，确定形象墙位置。

命令：O/OFFSET

当前设置：删除源＝否　图层＝源　OFFSETGAPTYPE=0

指定偏移距离或［通过（T）/删除（E）/图层（L）]<240.0000>：3300（图
3.2.15 ~ 图3.2.19）

选择要偏移的对象，或［退出（E）/放弃（U）]<退出>：

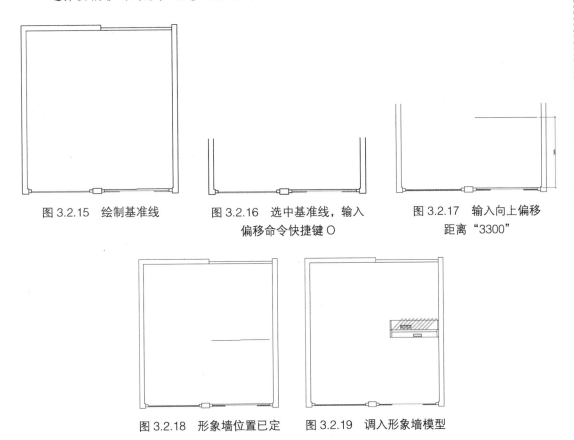

图3.2.15　绘制基准线　　　图3.2.16　选中基准线，输入　　　图3.2.17　输入向上偏移
　　　　　　　　　　　　　　　　偏移命令快捷键O　　　　　　　　距离"3300"

图3.2.18　形象墙位置已定　　图3.2.19　调入形象墙模型

2）确定服务台位置。

命令：O/OFFSET

当前设置：删除源＝否　图层＝源　OFFSETGAPTYPE=0

指定偏移距离或［通过（T）/删除（E）/图层（L）]
<240.0000>：760（图3.2.20和图3.2.21）

选择要偏移的对象，或［退出（E）/放弃（U）]<退
出>：

3）确定水吧台位置（图3.2.22和图3.2.23）。

4）确定写字台位置。

5）确定活动展台位置（图3.2.24和图3.2.25）。

6）确定洽谈桌位置（图3.2.26和图3.2.27）。

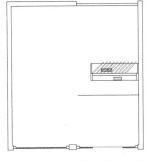

图3.2.20　用快捷键di测　　图3.2.21　调出服务台模
出服务台离下面墙和右面墙　　型，使用"捕捉"工具，将
的距离，再用快捷键O进　　　　其放到交点处
行偏移，定位服务台的位置

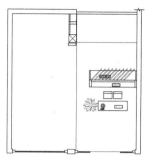

图 3.2.22　运用偏移命令快捷键 O 和测量距离命令快捷键 di 定位服务台的位置

图 3.2.23　调入水吧台的模型，使用"捕捉"工具，将其放到交点处

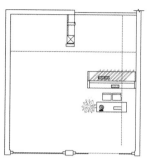

图 3.2.24　利用偏移命令快捷键 O 和测量距离命令快捷键 di 定位活动展台的位置

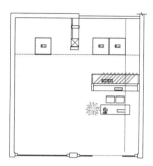

图 3.2.25　调入服务展台的模型，使用"捕捉"工具，将其放到交点处

7）完善平面布局（图 3.2.28）。

8）加标注（图 3.2.29）。

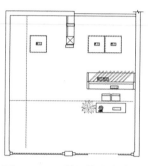

图 3.2.26　利用偏移命令快捷键 O 和测量距离命令快捷键 di 定位洽谈桌的位置

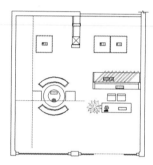

图 3.2.27　调入洽谈桌的模型，使用"捕捉"工具，将其放到交点处

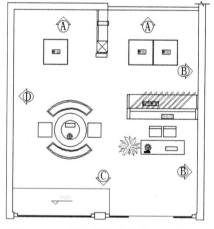

图 3.2.28　调入洽谈桌的模型，使用"捕捉"工具，将其放到交点处

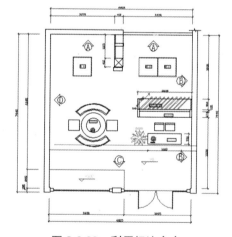

图 3.2.29　利用标注命令快捷键 dal 进行标注

单元小结

本单元为某地板展厅设计方案，主要是利用 CAD 制图软件对展厅平面进行方案设计，熟练对 CAD 制图软件的操作和一些快捷键的使用。

单元4 办公空间设计案例绘制

4.1 变更图纸的概念

施工企业在施工过程中，遇到一些原设计未能预料到的具体情况需要进行处理，因而发生设计变更。例如，工程的管道安装过程中遇到原设计未能考虑到的设备和管墩在原设计标高处未预留安装位置等，需改变原设计管道的走向或标高，经设计单位与建设单位同意，办理设计变更或设计变更联络单。这类设计变更应注明工程项目、位置、变更的原因、做法、规格和数量，以及变更后的施工图，经各方签字确认后即为设计变更。

变更图纸则是指设计单位依据建设单位要求进行方案调整，或对原设计内容进行修改、完善、优化后，与其方案相对应的图纸按照修改内容做出适当的调整，并以图纸或通知单的形式发出的设计变更。

4.2 设计分析与平面布局

办公空间的总面积约200m²，共2层，每层约100m²。一层主要为财务部、市场研发部（技术部、行政部）、小会议室、副总经理办公室等；二层主要为总经理办公室、大会议室、小型工作室、储藏室等。

先分析一下一层平面图（图4.2.1）。一层主要分为4个空间，分别是公用办公区、小会议室、副总经理室和财务室。通过观察可以看出，绘制一层平面图主要在于墙体的绘制和墙体的填充这两个部分，最后才是导入办公家具模型。

4.3 办公空间平面图的绘制

下面讲解办公空间平面图的绘制步骤，首先从AutoCAD软件的基本设置开始，然后具体讲解平面图的绘制过程。本节以一层平面图的绘制为例，二层平面图需要同学们在理解一

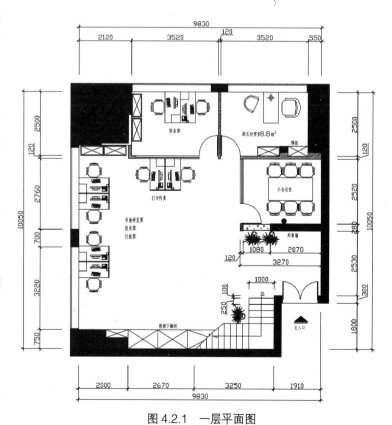

图4.2.1 一层平面图

层图纸绘制的基础上自行绘制。

4.3.1　设置绘图单位

选择"格式"→"单位"菜单命令，设置精度为 0.000；单位为毫米，如图 4.3.1 和图 4.3.2 所示。

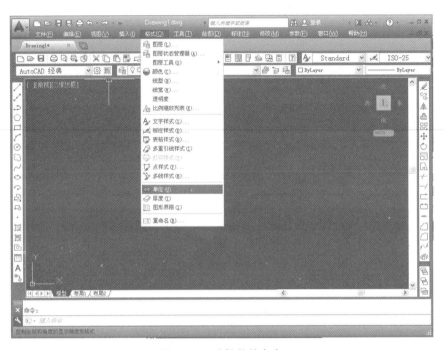

图 4.3.1　选择菜单命令

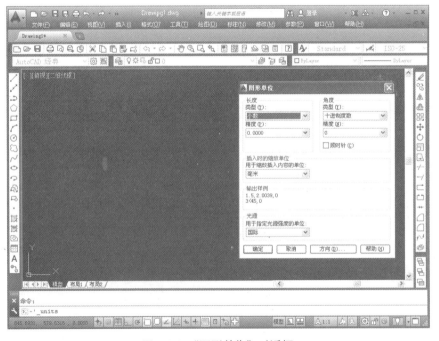

图 4.3.2　"图形单位"对话框

4.3.2 设置绘图界限（即选择打印图纸的大小）

选择菜单中的"格式"→"图形界限"命令，在弹出的对话框中设置 A3 图纸：左下角为 0,0；右上角为 420,297（横向、纵向：297、420）。如图 4.3.3 和图 4.3.4 所示。

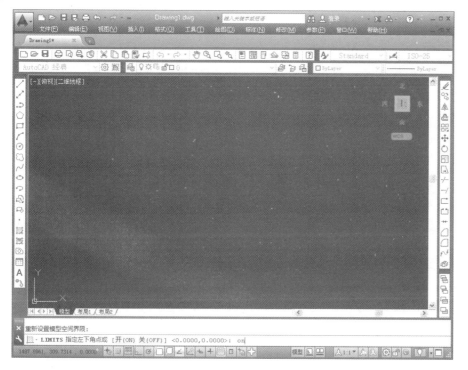

图 4.3.3 设置图形界限

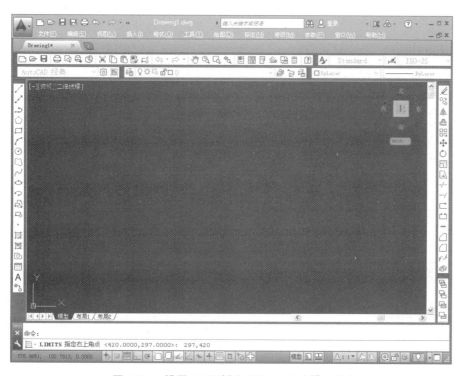

图 4.3.4 设置 A3 图纸为 297、420（横、纵）

4.3.3 设置绘图参数

设置对象捕捉、对象追踪、正交等开关。该步骤根据实际情况灵活运用（图 4.3.5）。

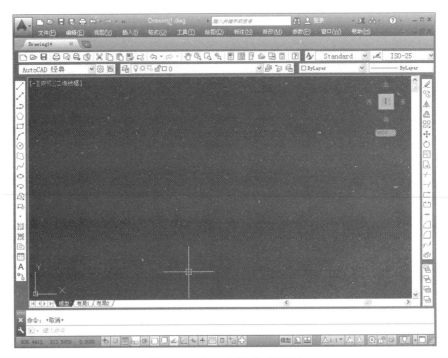

图 4.3.5 AutoCAD 软件界面

1. 对象捕捉

在命令行输入对象捕捉命令，如图 4.3.6 所示；也可在对话框中设置，如图 4.3.7 所示。

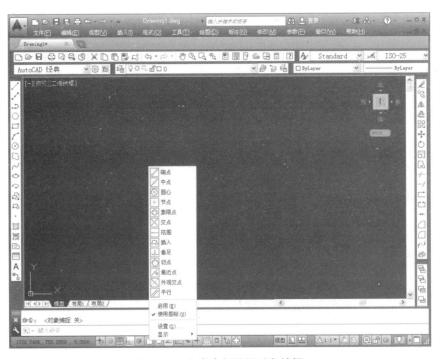

图 4.3.6 在命令行设置对象捕捉

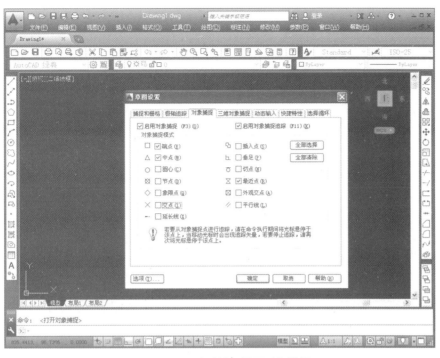

图 4.3.7　通过对话框设置对象捕捉

2. 对象追踪

在命令行输入对象追踪命令，如图 4.3.8 所示。

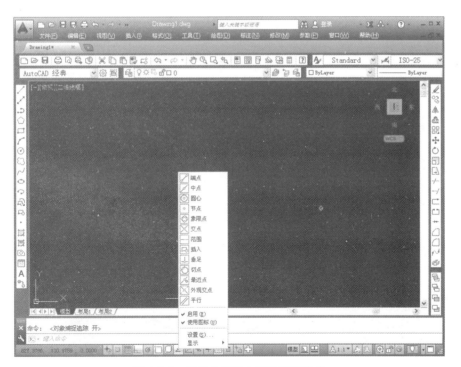

图 4.3.8　在命令行输入对象追踪命令

3. 正交

正交命令位于软件下方的命令栏中，单击即可开启。

4.3.4 一层平面图作图步骤

下面以一层平面图的绘制为例，具体讲解平面图的绘制过程。

1. 创建图层

单击工具栏按钮来创建图层，出现图层创建面板（图 4.3.9），再单击新建图层按钮创建新的图层（图 4.3.10），单击刚创建的图层，按 F2 键可以修改图层（图 4.3.11），如先点选图层 1，再按 F2 键，修改为墙体（图 4.3.12）；颜色为白色。

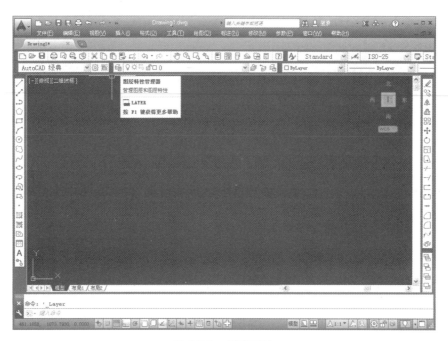

图 4.3.9 创建图层

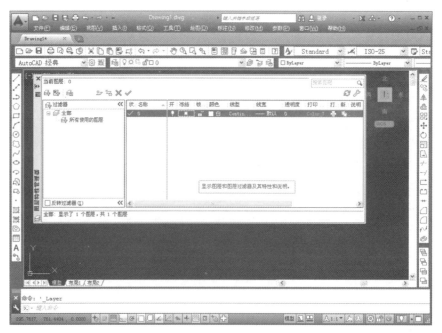

图 4.3.10 图层创建面板

图 4.3.11　修改图层

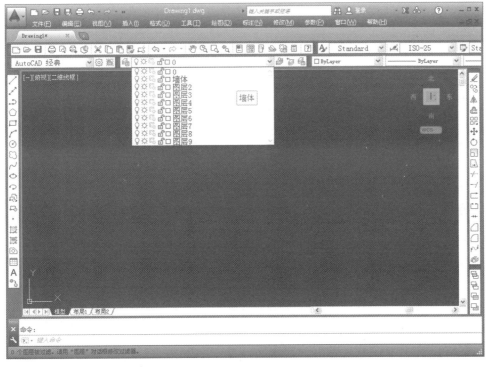

图 4.3.12　设置墙体

2. 绘制墙体

墙体所绘制的直线一定要在新建的"墙体"的图层上。绘制的墙体如图4.3.13所示。

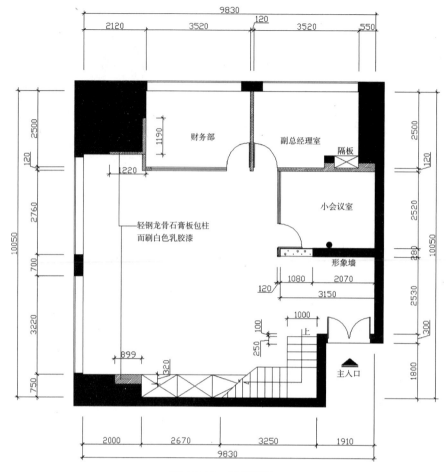

图 4.3.13　绘制墙体

　　绘图之前，先分析一层平面的具体尺寸。从图 4.3.13 中可以看出平面图宽为 9830mm、进深为 10050mm，根据平面图的尺寸参数，绘制由左向右方向的墙线和由上至下方向的墙线。具体步骤如下：

　　（1）按照左右方位，绘制左边第一条直线。

　　L/l　LINE 指定第一点：指定下一点或［放弃（U）］：10050（按 F8 键打开正交的命令，所绘制线为所求直线，见图 4.3.14）

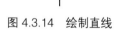

图 4.3.14　绘制直线

（2）使用偏移命令绘制第二条墙线。

在CAD下方"命令"中输入：

"O/O OFFSET"（偏移的命令）

当前设置：删除源 = 否　图层 = 源　OFFSETGAPTYPE=0

指定偏移距离或［通过（T）/ 删除（E）/ 图层（L）］< 通过 >：2120

选择直线在其右侧单击，即可以绘制与第一条相距2120且平行的一条直线，如图4.3.15所示。

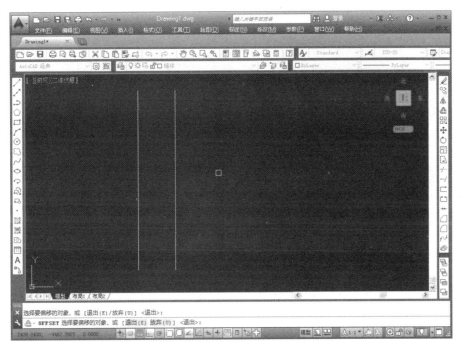

图 4.3.15　绘制一条平行线

选择要偏移的对象，或［退出（E）/ 放弃（U）］< 退出 >：

指定要偏移的那一侧上的点，或［退出（E）/ 多个（M）/ 放弃（U）］< 退出 >：E

（3）用同样方法绘制其他纵向的墙线，如图4.3.16所示。

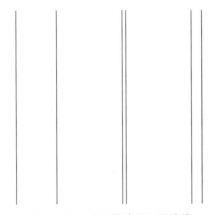

图 4.3.16　绘制其他纵向的墙线

选择要偏移的对象，或［退出（E）/放弃（U）］＜退出＞：

指定要偏移的那一侧上的点，或［退出（E）/多个（M）/放弃（U）］＜退出＞：E

（4）绘制其他纵向的墙体，如图4.3.17所示。首先，在墙线的上方画一条首尾相接的直线。其次，将此直线按照平面图上竖向的尺寸数据2500、120、2760、700、3220、750等数据依次偏移，如图4.3.18和图4.3.19所示。

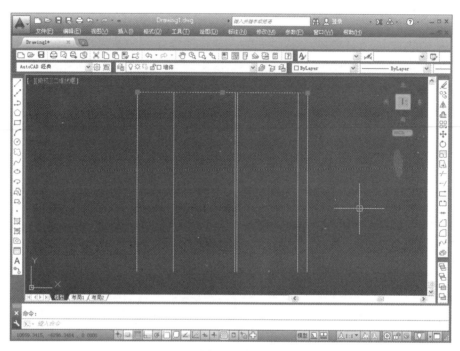

图4.3.17　绘制一条首尾相接的直线

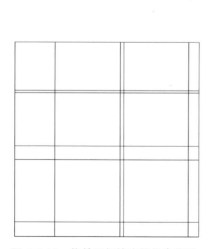

图4.3.18　将首尾相接直线依次偏移

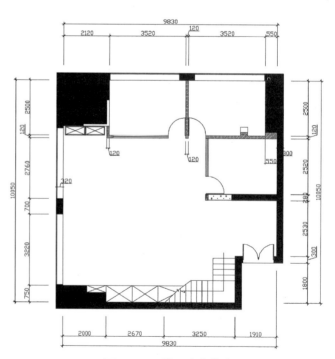

图4.3.19　输入命令状态

（5）根据墙体的厚度，分别以刚绘制的墙线左右偏移。具体操作步骤如下：

1）在CAD下方命令行中输入：

"O/O OFFSET"（偏移的命令）

当前设置：删除源＝否　图层＝源　OFFSETGAPTYPE=0

指定偏移距离或［通过（T）/删除（E）/图层（L）］＜通过＞：320

选定第一条墙线，在墙线左侧单击，便可得到一条与墙线距离为320的平行线，最后按Esc键退出编辑状态，如图4.3.20所示。

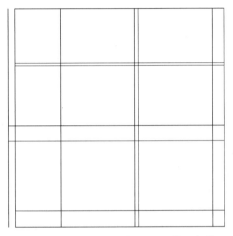

图4.3.20　与墙线距离为320的平行线

2）选择最右边的墙线，在CAD下方命令行中输入：

"O/O OFFSET"（偏移的命令）

当前设置：删除源＝否　图层＝源　OFFSETGAPTYPE=0

指定偏移距离或［通过（T）/删除（E）/图层（L）］＜通过＞：300

选定第一条墙线，在墙线右侧单击，便可得到一条与墙线距离为300的平行线，最后按Esc键退出编辑状态，如图4.3.21所示，最后按Esc键退出编辑状态。

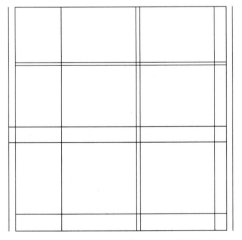

图4.3.21　与墙线距离为300的平行线

（6）根据横向墙体的尺寸，依次绘制横向的墙体。通过对图 4.3.22 分析可以看出横向墙体主要是 320mm、120mm、300mm、300mm 厚的墙体，如图 4.3.22 所示。

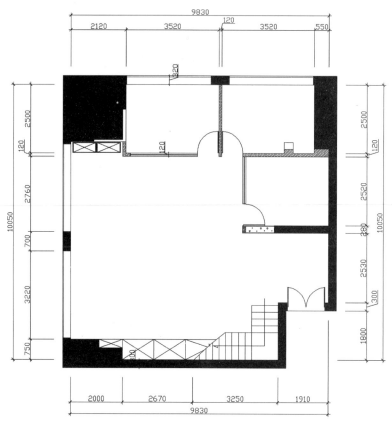

图 4.3.22　得到横向墙体

1）上一步已将横向部分墙体绘制完毕，此处只需将最上方的墙线向上偏移 320mm，最下方墙线往下偏移 300mm 即可，具体步骤如下：

选择最上方的墙线，在 CAD 下方"命令"行中输入：

"O/O OFFSET"（偏移的命令）

当前设置：删除源 = 否　图层 = 源　OFFSETGAPTYPE=0

指定偏移距离或［通过（T）/ 删除（E）/ 图层（L）］<通过>：320

选定第一条墙线，在墙线上方空白处单击，便可得到一条与墙线距离为 320 的平行线，最后按 Esc 键退出编辑状态，如图 4.3.23 所示，最后按 Esc 键退出编辑状态。

2）同理，选择最下方的墙线，在 CAD 下方"命令"行中输入：

"O/O OFFSET"（偏移的命令）

当前设置：删除源 = 否　图层 = 源　OFFSETGAPTYPE=0

指定偏移距离或［通过（T）/ 删除（E）/ 图层（L）］<通过>：300

选定第一条墙线，在墙线下方空白处单击，便可得到一条与墙线距离为 300 的平行线，最后按 Esc 键退出编辑状态，如图 4.3.23 所示，最后按 Esc 键退出编辑状态。

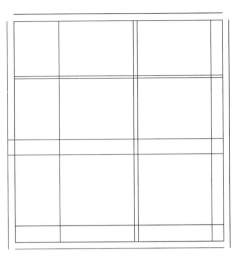

图 4.3.23　绘制平行线

（7）墙线进一步深化。

1）选中最左面或最右面的墙体所在的直线，按住鼠标左键将该直线最上方的方块向上拉伸，确保其长度长于横向最上方的墙体线和最下方的墙线，如图 4.3.24 所示。

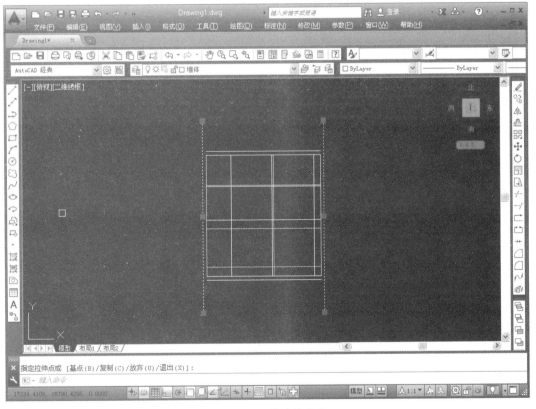

图 4.3.24　将直线拉伸

2）在"命令"行中输入"ex/extend"（延伸命令），并双击。此时十字光标变成了"口"字形状，在此状态下单击想要延伸的直线（即最上方和最下方的条线），这两条线被延长，并止于距离最近的竖线，最后按 Esc 键退出编辑状态，如图 4.3.25 所示。

3）修剪多余墙线。在"命令"行中输入"tr/trim"（裁剪命令）或按 Shift 键转换成 extend（延伸命令），并双击。此时十字光标变成了"口"字形状，在此状态下单击想要裁剪的直线，最后按 Esc 键退出编辑状态，如图 4.3.26 所示。

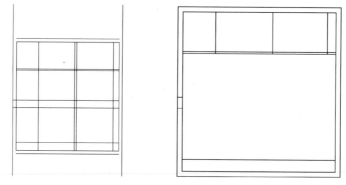

图 4.3.25　两条线被延长　　　图 4.3.26　剪切多余的直线

（8）绘制小会议室墙体。

1）通过尺寸数据得出小会议室的墙线距副总经理室的外墙线 2520mm（即小会议室的宽度 2520mm）。选定副总经理室的外墙线偏移 2520mm，得到的即为小会议室外墙线。

在 CAD 下方"命令"行中输入：

"O/O OFFSET"（偏移的命令）

当前设置：删除源 = 否　　图层 = 源　　OFFSETGAPTYPE=0

指定偏移距离或 ［通过（T）/ 删除（E）/ 图层（L）]＜通过＞：2520

选定副总经理室外墙线，在墙线下方空白处单击，便可得到一条与墙线距离为 2520mm 的平行线，最后按 Esc 键退出编辑状态，如图 4.3.27 所示，最后按 Esc 键退出编辑状态。

2）绘制小会议室其余的墙线。通过图 4.3.28 可以分析出小会议室宽 2520mm，进深 3150.27mm，墙厚 280mm、120mm。首先通过偏移得到厚 280mm 的墙体，其次通过偏移得到厚 120mm 的墙体。

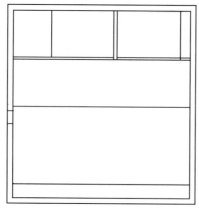

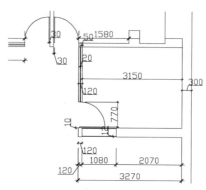

图 4.3.27　绘制与墙线距离为　　　图 4.3.28　墙线尺寸
2520mm 的平行线

在 CAD 下方 "命令" 行中输入：

"O/O OFFSET"（偏移的命令）

当前设置：删除源 = 否　图层 = 源　OFFSETGAPTYPE=0

指定偏移距离或 [通过（T）/ 删除（E）/ 图层（L）] < 通过 > : 280

3）选定副总经理室墙线，在墙线下方空白处单击，便可得到一条与墙线距离为 280mm 的平行线，最后按 Esc 键退出编辑状态，如图 4.3.29 所示，最后按 Esc 键退出编辑状态。

在 CAD 下方 "命令" 行中输入：

"O/O OFFSET"（偏移的命令）

当前设置：删除源 = 否　图层 = 源　OFFSETGAPTYPE=0

指定偏移距离或 [通过（T）/ 删除（E）/ 图层（L）] < 通过 > : 3150

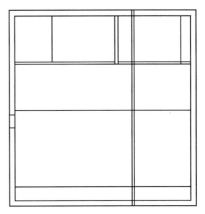

图 4.3.29　绘制与墙线距离为
280mm 的平行线

4）选定小会议室右墙的内墙线，在墙线左方空白处单击，便可得到一条与墙线距离为 3150mm 的平行线，最后按 Esc 键退出编辑状态。

在 CAD 下方 "命令" 行中输入：

"O/O OFFSET"（偏移的命令）

当前设置：删除源 = 否　图层 = 源　OFFSETGAPTYPE=0

指定偏移距离或 [通过（T）/ 删除（E）/ 图层（L）] < 通过 > : 120

5）选定上步刚偏移后的直线，在墙线左方空白处单击，便可得到一条与墙线距离为 120mm 的平行线，最后按 Esc 键退出编辑状态。

6）在 "命令" 行中输入 "tr/trim "（裁剪命令），并双击。此时十字光标变成了 "口" 字形状，在此状态下单击裁剪上部偏移后多余的墙线，最后按 Esc 键退出编辑状态。选中修剪后多余的直线，按 Delete 键删去，如图 4.3.30 所示。

（9）细化小会议室墙体。由平面图可见小会议室一边的墙体分为不同材质的两部分，由上述尺寸数据可以得出，小会议室的墙体在距离右边墙体 2070mm 的位置，墙体一边窄了 10mm，又变成了厚 12mm 的双线（即形象墙材质、造型的变化）。具体绘制步骤如下：

1）在 CAD 下方 "命令" 行中输入：

"O/O OFFSET"（偏移的命令）

当前设置：删除源 = 否　图层 = 源　OFFSETGAPTYPE=0

指定偏移距离或 [通过（T）/ 删除（E）/ 图层（L）] < 通过 > : 2070

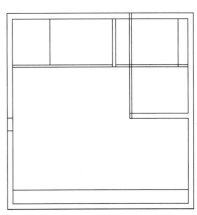

图 4.3.30　删去多余的墙线

选最右内墙线，在墙线左方空白处单击，便可得到一条与墙线距离为 2070mm 的平行线，最后按 Esc 键退出编辑状态。

2）在 "命令" 行中输入 "tr/trim "（裁剪命令），并双击。此时十字光标变成了 "口"

字形状，在此状态下单击裁剪上部偏移后多余的墙线，最后按 Esc 键退出编辑状态。选中修剪后多余的直线，按 Delete 键删去。

3）在 CAD 下方"命令"行中输入：

"O/O OFFSET"（偏移的命令）

当前设置：删除源 = 否　图层 = 源　OFFSETGAPTYPE=0

指定偏移距离或［通过（T）/ 删除（E）/ 图层（L）］< 通过 >：10

选择公司形象墙所在的内、外墙线，在形象墙的外墙线下方空白处单击，便可得到一条与墙线距离为 10mm 的平行线，接着在形象墙的内墙线上方空白处单击，得到一条与墙线距离为 10mm 的平行线，在最后按 Esc 键退出编辑状态。

4）在 CAD 下方"命令"行中输入：

"O/O OFFSET"（偏移的命令）

当前设置：删除源 = 否　图层 = 源　OFFSETGAPTYPE=0

指定偏移距离或［通过（T）/ 删除（E）/ 图层（L）］< 通过 >：12

选定上一步绘制的任意一条墙线，在其另一条直线所在方向的空白处单击，便可得到一条与墙线距离为 12mm 的平行线。然后选中另一条直线，在第一次所选直线所在方向的空白处单击，便可得到一条与墙线距离为 12mm 的平行线，最后按 Esc 键退出编辑状态。

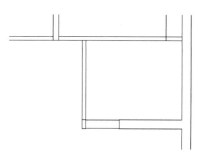

图 4.3.31　删除多余直线

5）在"命令"行中输入"tr/trim"（裁剪命令），并双击。此时十字光标变成了"口"字形状，在此状态下单击裁剪前两步偏移后多余的墙线，最后按 Esc 键退出编辑状态。选中修剪后多余的直线，按 Delete 键删去，如图 4.3.31 所示。

6）绘制门。由尺寸数据可以看出，门宽 770mm，将形象墙所在的外墙线向上偏移 770mm，便可得到门的位置与宽度；门的厚度为 30mm，宽度为 770mm，其位置在距形象墙左墙体外墙线40mm 的位置。

具体绘制步骤如下：

a. 在 CAD 下方"命令"行中输入：

"O/O OFFSET"（偏移的命令）

当前设置：删除源 = 否　图层 = 源　OFFSETGAPTYPE=0

指定偏移距离或［通过（T）/ 删除（E）/ 图层（L）］< 通过 >：770

选中形象墙的外墙线，在墙线上方空白处单击，便可得到一条与墙线距离为 770mm 的平行线，最后按 Esc 键退出编辑状态。

b. 在"命令"行中输入"tr/trim"（裁剪命令），并双击。此时十字光标变成了"口"字形状，在此状态下单击裁剪上部偏移后多余的墙线（即把门洞的位置大小修剪出来），最后按 Esc 键退出编辑状态；选中修剪后多余的直线，按 Delete 键删去。

　　c. 在 CAD 下方"命令"行中输入：

　　"O/O OFFSET"（偏移的命令）

　　当前设置：删除源 = 否　　图层 = 源　　OFFSETGAPTYPE=0

　　指定偏移距离或［通过（T）/ 删除（E）/ 图层（L）］< 通过 >：40

　　选中公司形象墙所在的最左处的墙线，在形象墙的右方空白处单击，便可得到一条与墙线距离为 40mm 的平行线，在最后按 Esc 键退出编辑状态（即确定门的位置）。

　　d. 在"命令"行中输入"ex/extend"（延伸命令），并双击。此时十字光标变成了"口"字形状，在此状态下单击延伸上步偏移后的墙线，最后按 Esc 键退出编辑状态；选中修剪后多余的直线，按 Delete 键删去，如图 4.3.32 所示。

　　e. 在 CAD 下方"命令"行中输入：

　　"O/O OFFSET"（偏移的命令）

　　当前设置：删除源 = 否　　图层 = 源　　OFFSETGAPTYPE=0

　　指定偏移距离或［通过（T）/ 删除（E）/ 图层（L）］< 通过 >：40

　　选定形象墙的外墙线，在其上方向的空白处单击，便可得到一条与墙线距离为 40mm 的平行线（即 40mm 厚的"门"），按 Esc 键退出编辑状态。

　　f. 在"命令"行中输入"tr/trim"（裁剪命令），并双击。此时十字光标变成了"口"字形状，在此状态下单击裁剪上部偏移后多余的墙线，最后按 Esc 键退出编辑状态，如图 4.3.33 所示。

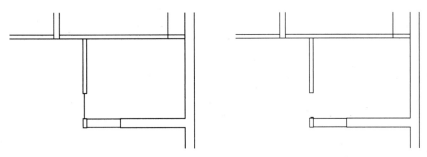

图 4.3.32　删去多余的直线　　　　图 4.3.33　修剪多余的墙线

　　g. 在 CAD 下方"命令"行中输入：

　　"O/O OFFSET"（偏移的命令）

　　当前设置：删除源 = 否　　图层 = 源　　OFFSETGAPTYPE=0

　　指定偏移距离或［通过（T）/ 删除（E）/ 图层（L）］< 通过 >：770

　　选定门最左侧的直线，在其右方的空白处单击，便可得到一条与墙线距离为 770 的平行线（即 770mm 宽的"门"），按 Esc 键退出编辑状态。

　　h. 在"命令"行中输入"ex/extend"（延伸命令），并双击。此时十字光标变成了

"口"字形状，在此状态下单击延伸标识门的直线，并止于偏移的线，最后按 Esc 键退出编辑状态，如图 4.3.34 所示。

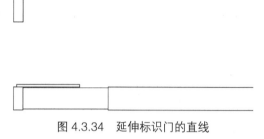

图 4.3.34　延伸标识门的直线

i. 绘制门。单击右侧菜单栏中的 按钮，由图 4.3.35 中上面红色圈内一个交点向中间交点画弧，并止于最下面的交点，即绘制出所要求的门。新建一个图层并命名为"门"，并将绘制的"门"选中，单击"门"所在的图层，刚绘制的直线就被改在"门"所在的图层上，按 Esc 键退出编辑状态，如图 4.3.36 所示。

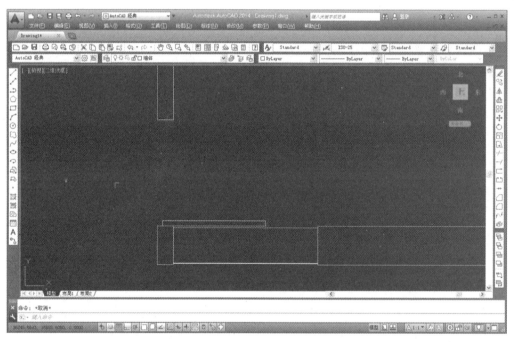

图 4.3.35　画弧并止于最下面的交点

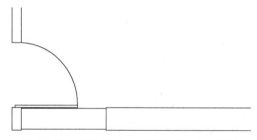

图 4.3.36　将直线绘在"门"所在的图层上

7）深入细化墙体。由图 4.3.37 可知，小会议室左侧墙体为 120mm 厚的玻璃隔断，通过尺寸数据可以得到以相距 50mm、20mm、50mm 的 4 条直线来表示厚度为 120mm 的玻璃材质。此处绘制将左右直线向相对方向偏移 50mm 即可，具体步骤如下：

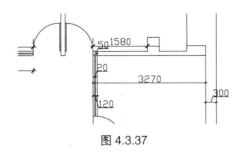

图 4.3.37

在 CAD 下方"命令"行中输入：

"O/O OFFSET"（偏移的命令）

当前设置：删除源 = 否　图层 = 源　OFFSETGAPTYPE=0

指定偏移距离或［通过（T）/删除（E）/图层（L）]< 通过 >：50

选定左右直线，在其相对的空白处单击，便可得到一条与墙线距离为 50m 的平行线，按 Esc 键退出编辑状态；新建一个图层并命名为"玻璃隔断"，将绘制的直线选中，单击"玻璃隔断"所在的图层，刚绘制的直线就被改在"玻璃隔断"所在的图层上，按 Esc 键退出编辑状态，如图 4.3.38 所示。

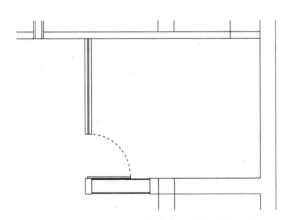

图 4.3.38　将直线绘制在玻璃隔断所在的图层上

（10）绘制入口处平面图。由下向上看，入口处墙体距离最下方内部墙体 1800mm，墙厚 300mm，宽 1910mm。绘制时只需将最下方内部墙体向上偏移 1800mm，并将右侧内部墙体向左偏移 1910mm，然后再将上一步绘制的墙线向左偏移 300mm（即墙厚度）。最后将绘制的直线进行延伸或者修剪。

具体步骤如下：

1）在 CAD 下方"命令"行中输入：

"O/O OFFSET"（偏移的命令）

当前设置：删除源＝否　图层＝源　OFFSETGAPTYPE=0

指定偏移距离或［通过（T）/删除（E）/图层（L）]＜通过＞：1800

选中最下方的内墙线，在其上方空白处单击，便可得到一条与墙线距离为1800mm的平行线，按Esc键退出编辑状态。

2）在CAD下方"命令"行中输入：

"O/O OFFSET"（偏移的命令）

当前设置：删除源＝否　图层＝源　OFFSETGAPTYPE=0

指定偏移距离或［通过（T）/删除（E）/图层（L）]＜通过＞：1910

选定最右侧墙体的内墙线，在墙线左方空白处单击，便可得到一条与墙线距离为1910mm的平行线，按Esc键退出编辑状态。

3）在CAD下方"命令"行中输入：

"O/O OFFSET"（偏移的命令）

当前设置：删除源＝否　图层＝源　OFFSETGAPTYPE=0

指定偏移距离或［通过（T）/删除（E）/图层（L）]＜通过＞：300

选定第2）步绘制的直线，在其右方空白处单击，便可得到一条与墙线距离为300mm的平行线（即300mm厚的墙），按Esc键退出编辑状态，如图4.3.39所示。

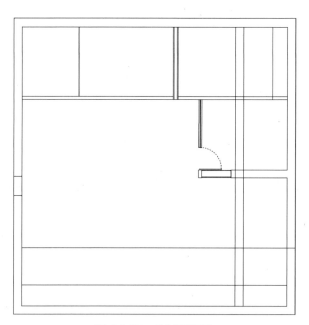

图4.3.39　绘制平行线

4）根据平面图将刚绘制的墙线进行延伸或者修剪。

在"命令"行中输入"tr/trim"（裁剪命令）或按Shift键转换成extend（延伸命令），并双击。此时十字光标变成了"口"字形状，在此状态下单击想要裁剪的直线，最后按Esc键退出编辑状态；选中多余的直线，按Delete键删除，如图4.3.40所示。

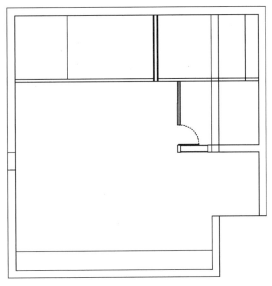

图 4.3.40　删除多余的直线

5）在 CAD 下方"命令"行中输入：

"O/O OFFSET"（偏移的命令）

当前设置：删除源 = 否　图层 = 源　OFFSETGAPTYPE=0

指定偏移距离或［通过（T）/ 删除（E）/ 图层（L）］< 通过 >：300

选定入口处的墙线，在墙线上方空白处单击，便可得到一条与墙线距离为 300mm 的平行线，最后按 Esc 键退出编辑状态，如图 4.3.41 所示。

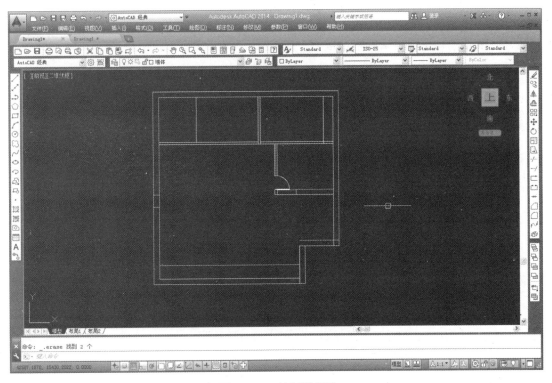

图 4.3.41　绘制平行线

6）根据平面图将刚绘制的墙线进行延伸或者修剪。

在"命令"行中输入"tr/trim"（裁剪命令）或按 Shift 键转换成 extend（延伸命令），并双击。此时十字光标变成了"口"字形状，在此状态下单击想要裁剪的直线，最后按 Esc 键退出编辑状态，如图 4.3.42 所示。

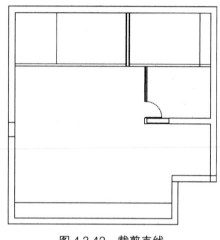

图 4.3.42　裁剪直线

7）通过平面图可以看出入口处大门距离墙体 130mm。首先在右侧内墙线上连线，并将此连线向左偏移 130mm。

具体步骤如下：在"命令"行中输入"Nine（按 F8 键打开正交，打开下方菜单栏中的'捕捉'命令）"，所画直线略长于外墙线（此线为辅助线），按 Esc 键退出编辑状态；然后在"命令"行中输入"tr/trim"（裁剪命令），并双击。此时十字光标变成了"口"字形状，在此状态下单击上一步绘制的辅助线，并按 Esc 键退出编辑状态；最后，在 CAD 下方"命令"行中输入：

"O/O OFFSET"（偏移的命令）

当前设置：删除源＝否　图层＝源　OFFSETGAPTYPE=0

指定偏移距离或［通过（T）/删除（E）/图层（L）]＜通过＞：130

选定第二步绘制的墙线，在墙线右方空白处单击，便可得到一条与墙线距离为 130mm 的平行线，而后按 Esc 键退出编辑状态。最后将第二步绘制的辅助线选中，按 Delete 键删去，如图 4.3.43 所示。

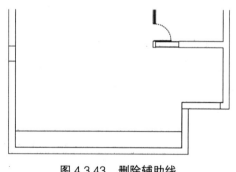

图 4.3.43　删除辅助线

8）绘制大门。通过尺寸数据可得出入口处为厚30mm、宽680mm的双开门，且门在墙体的中心位置。绘制时首先在入口墙体的150mm的位置绘制一条直线（即中线位置），该直线用来确定门的位置；其次在距离左右墙30mm处绘制门的厚度；再次在距离墙体680mm的位置（即门洞的中心位置）绘制一条与墙体平行的直线。接着绘制双扇门的弧线；最后将上述绘制的直线进行修剪（或延伸），如图4.3.44所示。具体绘制步骤如下：

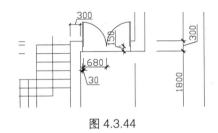

图4.3.44

a. 在CAD下方"命令"行中输入：

"O/O OFFSET"（偏移的命令）

当前设置：删除源＝否　图层＝源　OFFSETGAPTYPE=0

指定偏移距离或［通过（T）/删除（E）/图层（L）］＜通过＞：150

选择入口处的直线，在其上方空白处单击，便可得到一条与墙线距离为150mm的平行线，按Esc键退出编辑状态。

b. 在CAD下方"命令"行中输入：

"O/O OFFSET"（偏移的命令）

当前设置：删除源＝否　图层＝源　OFFSETGAPTYPE=0

指定偏移距离或［通过（T）/删除（E）/图层（L）］＜通过＞：30

选定入口处左面直线，在墙线右方空白处单击，便可得到一条与墙线距离为30mm的平行线，接着选择入口处右面直线，在墙线上方空白处单击，便可得到门厚度所在的直线，按Esc键退出编辑状态，如图4.3.45所示。

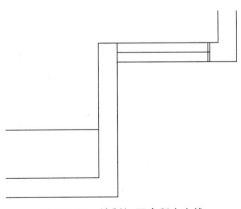

图4.3.45　绘制门厚度所在直线

c. 根据平面图将刚绘制的墙线进行延伸或者修剪。

在"命令"行中输入"tr/trim"（裁剪命令），并双击。此时十字光标变成了"口"字形状，在此状态下单击想要裁剪的直线，最后按 Esc 键退出编辑状态；选中多余的直线，按 Delete 键删除，如图 4.3.46 所示。

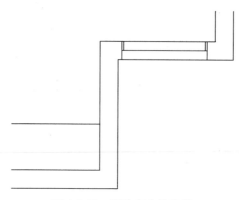

图 4.3.46　删除多余的直线

d. 在 CAD 下方"命令"行中输入：

"O/O OFFSET"（偏移的命令）

当前设置：删除源 = 否　图层 = 源　OFFSETGAPTYPE=0

指定偏移距离或［通过（T）/ 删除（E）/ 图层（L）]＜通过＞：680

选定刚修剪后的短直线（左右都可），在其相对方向的空白处单击，便可得到一条与墙线距离为 680mm 的平行线，按 Esc 键退出编辑状态，如图 4.3.47 所示。

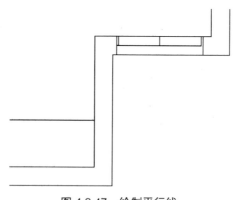

图 4.3.47　绘制平行线

e. 在 CAD 下方"命令"行中输入：

"O/O OFFSET"（偏移的命令）

当前设置：删除源 = 否　图层 = 源　OFFSETGAPTYPE=0

指定偏移距离或［通过（T）/ 删除（E）/ 图层（L）]＜通过＞：680

选定第 a 步绘制的直线，在其上方的空白处单击，便可得到一条与此线距离为 680mm 的平行线，按 Esc 键退出编辑状态，如图 4.3.48 所示。

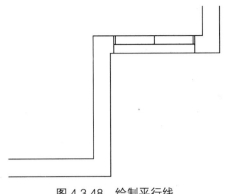

图 4.3.48　绘制平行线

f. 在"命令"行中输入"ex/extend"（延伸命令），并双击。此时十字光标变成了"口"字形状，在此状态下单击门所在的两条短线、中线和两条内墙线，延伸止于第 e 步绘制的直线，最后按 Esc 键退出编辑状态，如图 4.3.39 所示。

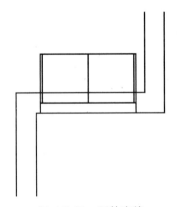

图 4.3.49　延伸直线

g. 在"命令"行中输入"tr/trim"（修剪命令），并双击。此时十字光标变成了"口"字形状，修剪多余直线延伸止于第 e 步绘制的直线。对于不能修剪的直线，直接按 Delete 键删去，最后按 Esc 键退出编辑状态，如图 4.3.50 所示。

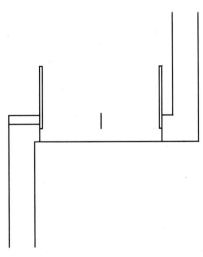

图 4.3.50　删除不能修剪的直线

h. 绘制门。单击右侧菜单栏中的 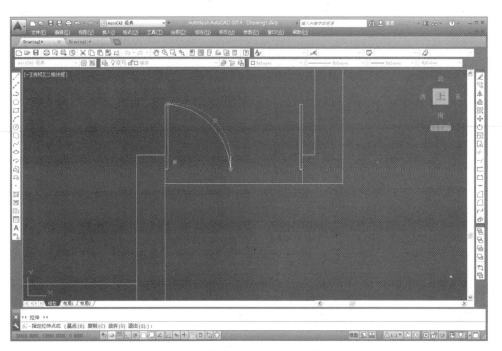 按钮，由图 4.3.51 中上面红色圈内一个交点向中间交点画弧，并止于最下面的交点，绘制完毕后选中门，单击门弧线所在的中间的蓝色方块来调节门的弧度；同理，绘制另一扇门（图 4.3.52），最后删去中间的辅助线即可（图 4.3.53）。选中所绘制的"双开门"，单击"门"所在的图层，刚绘制的直线就被改在"门"所在的图层上，按 Esc 键退出编辑状态，如图 4.3.54 所示。

图 4.3.51　将直线绘在"门"所在的图层上

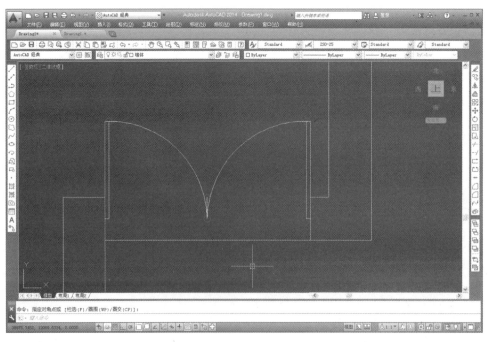

图 4.3.52　绘制另一扇门

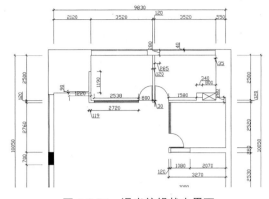

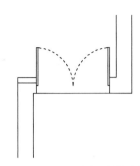

图 4.3.53 删去中间的辅助线　　　　　图 4.3.54 退出编辑状态界面

（11）细化财务室和副总经理室。通过图 4.3.54 的尺寸数据可知，财务室和副总经理室为同一规格的"门"，其厚度为 30mm，宽度为 768mm。财务室的一面墙为玻璃材质；副总经理室的墙面也有凹凸（室内柱子）。首先绘制这两个房间的门（因为这两个空间的门的宽度、厚度均左右完全对称，所以一起绘制即可）。具体绘制步骤如下：

1）在 CAD 下方"命令"行中输入：

"O/O OFFSET"（偏移的命令）

当前设置：删除源 = 否　图层 = 源　OFFSETGAPTYPE=0

指定偏移距离或［通过（T）/ 删除（E）/ 图层（L）]＜通过＞：30

选择财务室右墙线，在其左方空白处单击，便可得到一条与墙线距离为 30mm 的平行线，接着选择副总经理室的左墙线，在其右方空白处单击，即向右偏移 30mm，按 Esc 键退出编辑状态。

2）在 CAD 下方"命令"行中输入：

"O/O OFFSET"（偏移的命令）

当前设置：删除源 = 否　图层 = 源　OFFSETGAPTYPE=0

指定偏移距离或［通过（T）/ 删除（E）/ 图层（L）]＜通过＞：768

选定第 1）步偏移后的直线，在其相对方向的空白处单击，便可得到两条与原直线平行且距离均为 768mm 的平行线，按 Esc 键退出编辑状态，如图 4.3.55 所示。

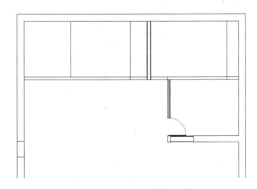

图 4.3.55 绘制平行线

3）在"命令"行中输入"tr/trim"（修剪命令），并双击。此时十字光标变成了"口"字形状，修剪多余的直线，然后按 Shift 键转换成 extend（延伸命令），拉伸需要延伸的直线。对于不能修剪的直线，直接按 Delete 键删去，最后按 Esc 键退出编辑状态，如图 4.3.56 所示。

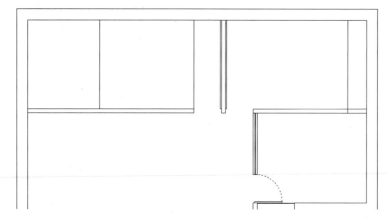

图 4.3.56　删去不能修剪的直线

4）在 CAD 下方"命令"行中输入：

"O/O OFFSET"（偏移的命令）

当前设置：删除源＝否　图层＝源　OFFSETGAPTYPE=0

指定偏移距离或［通过（T）/删除（E）/图层（L）］＜通过＞：768

选定门厚度 30mm 所在的短横线，在其上方向的空白处单击，便可得到一条与原直线平行且距离为 768mm 的平行线，按 Esc 键退出编辑状态，如图 4.3.57 所示。

5）在"命令"行中输入"tr/trim"（修剪命令），并双击。此时十字光标变成了"口"字形状，修剪第 4）步中产生的多余的直线，最后按 Esc 键退出编辑状态，如图 4.3.58 所示。

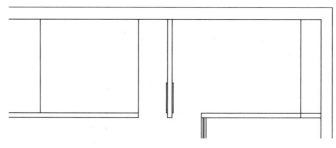

图 4.3.57　绘制平行线并修剪多余的直线

6）在 CAD 下方"命令"行中输入：

"O/O OFFSET"（偏移的命令）

当前设置：删除源＝否　图层＝源　OFFSETGAPTYPE=0

指定偏移距离或［通过（T）/删除（E）/图层（L）］＜通过＞：2538

选定财务室入口处左边的直线，在其相对方向的空白处单击，便可得到两条与原直线平行且距离均为 2538mm 的平行线，按 Esc 键退出编辑状态，如图 4.3.58 所示。

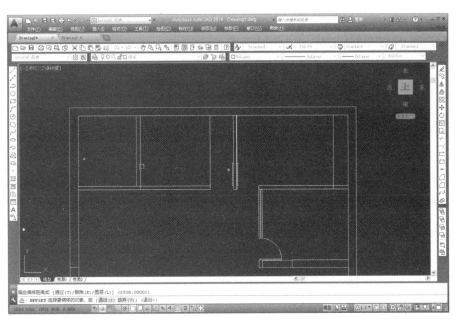

图 4.3.58 绘制与原直线距 2538mm 的平行线

7）在"命令"行中输入"tr/trim"（修剪命令），并双击。此时十字光标变成了"口"字形状，在此状态下修剪第6）步中产生的多余直线，最后按 Esc 键退出编辑状态，如图4.3.59 所示。

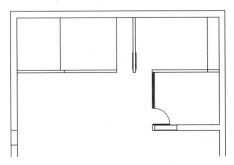

图 4.3.59 修剪掉多余的直线

8）绘制玻璃材质隔断。通过尺寸数据得知，此处的玻璃隔断与小会议室处的玻璃隔断材质为不同的玻璃材质。此处玻璃材质隔断用 45mm、30mm、45mm 间隔的直线来表示。具体绘制步骤如下：

在 CAD 下方"命令"行中输入：

"O/O OFFSET"（偏移的命令）

当前设置：删除源 ＝ 否 图层 ＝ 源 OFFSETGAPTYPE=0

指定偏移距离或 [通过（T）/删除（E）/图层（L）]＜通过＞：45

选定财务室玻璃隔断墙线所在的一条直线，在其相对方向的空白处单击，便可得到一条与原直线平行且距离均为 45mm 的平行线，选择另一条直线，在其相对方向空白处单击，便可得到所要求的隔断，按 Esc 键退出。选定玻璃隔断所在的直线，单击图层中

"玻璃隔断图层" 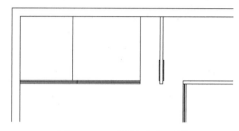，即将玻璃隔断绘制到了"玻璃隔断的图层"，最后按 Esc 键退出编辑状态，如图 4.3.60 所示。

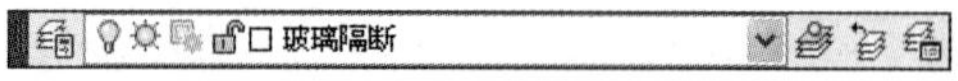

图 4.3.60　绘制玻璃隔断

9）在"命令"行中输入"tr/trim"（修剪命令），并双击。此时十字光标变成了"口"字形状，在此状态下修剪第 8）步中产生的多余直线，最后按 Esc 键退出编辑状态，如图 4.3.61 所示。

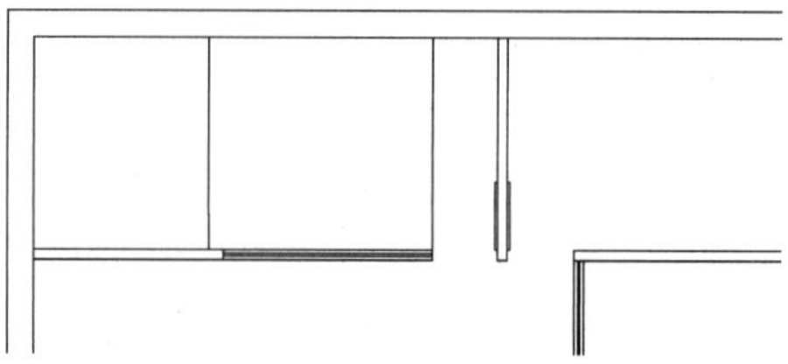

图 4.3.61　修剪去多余直线

10）在 CAD 下方"命令"行中输入：

"O/O OFFSET"（偏移的命令）

当前设置：删除源＝否　图层＝源　OFFSETGAPTYPE=0

指定偏移距离或［通过（T）/删除（E）/图层（L）］＜通过＞：1600

选定财务室入玻璃隔断的内线，在其上方向的空白处单击，便可得到一条与原直线平行且距离均为 1600mm 的平行线，按 Esc 键退出编辑状态，如图 4.3.62 所示。

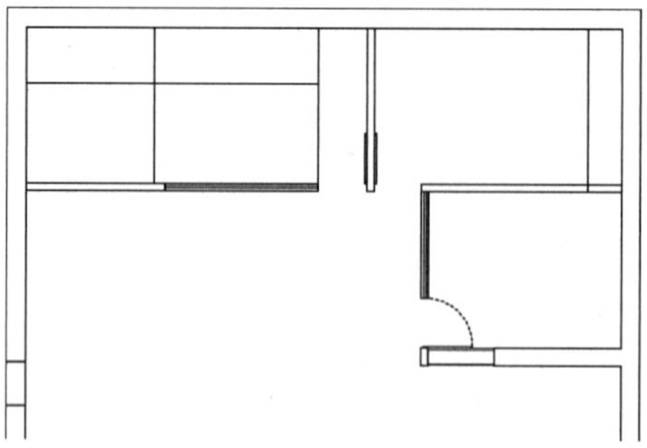

图 4.3.62　绘制与原直线距 1600mm 的平行线

11）在 CAD 下方"命令"行中输入：

"O/O OFFSET"（偏移的命令）

当前设置：删除源＝否　图层＝源　OFFSETGAPTYPE=0

指定偏移距离或［通过（T）/删除（E）/图层（L）］＜通过＞：120

选定财务室左方墙，在其右方向的空白处单击，便可得到一条与原直线平行且距离为120mm 的平行线，按 Esc 键退出编辑状态，如图 4.3.63 所示。

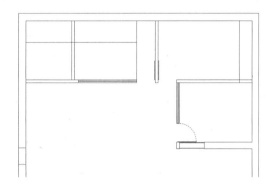

图 4.3.63　绘制与原直线距 120mm 的平行线

12）在 CAD 下方"命令"行中输入：

"O/O OFFSET"（偏移的命令）

当前设置：删除源 = 否　图层 = 源　OFFSETGAPTYPE=0

指定偏移距离或 [通过（T）/ 删除（E）/ 图层（L）] < 通过 >：1100

选定上一步偏移后的直线，在其左方向的空白处单击，便可得到一条与原直线平行且距离为 1100mm 的平行线，按 Esc 键退出编辑状态。

在 CAD 下方"命令"行中输入：

"O/O OFFSET"（偏移的命令）

当前设置：删除源 = 否　图层 = 源　OFFSETGAPTYPE=0

指定偏移距离或 [通过（T）/ 删除（E）/ 图层（L）] < 通过 >：530

选定财务室外墙直线，在其上方向的空白处单击，便可得到一条与原直线平行且距离为 530mm 的平行线，按 Esc 键退出编辑状态，如图 4.3.64 所示。

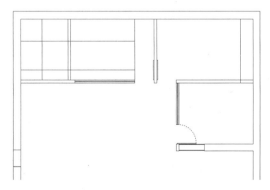

图 4.3.64　绘制与原直线距 530mm 的平行线

13）在"命令"行中输入"tr/trim"（修剪命令）或者按 Shift 键转换成 extend（延伸命令），并双击。此时十字光标变成了"口"字形状，在此状态下修剪多余的直线，最后按 Esc 键退出编辑状态，如图 4.3.65 所示。

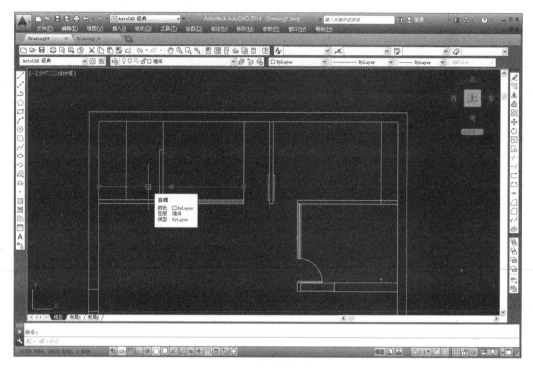

图 4.3.65　修剪多余的直线

14）在 CAD 下方"命令"行中输入：

"O/O OFFSET"（偏移的命令）

当前设置：删除源 = 否　图层 = 源　OFFSETGAPTYPE=0

指定偏移距离或［通过（T）/ 删除（E）/ 图层（L）］＜通过＞：90

选定图 4.3.65 中光标所在的直线，在其上方向的空白处单击，便可得到一条与原直线平行且距离为 90mm 的平行线，按 Esc 键退出编辑状态，如图 4.3.66 所示。

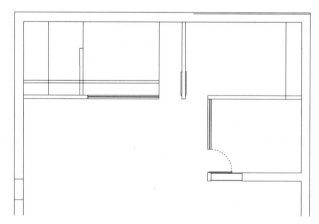

图 4.3.66　绘制与原直线距 90mm 的平行线

15）在"命令"行中输入"tr/trim"（修剪命令）或按 Shift 键变成 extend（延伸命令），并双击。此时十字光标变成了"口"字形状，在此状态下修剪多余的直线，按 Esc 键退出编辑状态。对于不能修剪的直线按 Delete 键直接删去，最后按 Esc 键退出编辑状态，如图 4.3.67 所示。

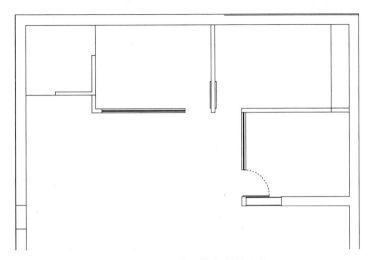

图 4.3.67　删除不能修剪的直线

16）在 CAD 下方"命令"行中输入：

"O/O OFFSET"（偏移的命令）

当前设置：删除源＝否　图层＝源　OFFSETGAPTYPE=0

指定偏移距离或［通过（T）/ 删除（E）/ 图层（L）］＜通过＞：25

选定财务室左墙墙线，在其右方的空白处单击，便可得到一条与原直线平行且距离为 25mm 的平行线，按 Esc 键退出编辑状态，如图 4.3.68 所示。

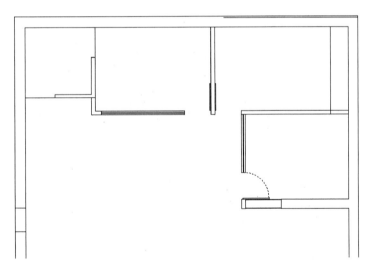

图 4.3.68　绘制与原直线距 25mm 的平行线

17）在 CAD 下方"命令"行中输入：

"O/O OFFSET"（偏移的命令）

当前设置：删除源＝否　图层＝源　OFFSETGAPTYPE=0

指定偏移距离或［通过（T）/ 删除（E）/ 图层（L）］＜通过＞：40

选定平面图最上方的直线，在其下方的空白处单击，便可得到一条与原直线平行且距离为 40mm 的平行线，按 Esc 键退出编辑状态，如图 4.3.69 所示。

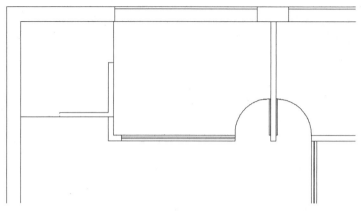

图 4.3.69　绘制与原直线距 40mm 的平行线

18）在 CAD 下方"命令"行中输入：

"O/O OFFSET"（偏移的命令）

当前设置：删除源 = 否　图层 = 源　OFFSETGAPTYPE=0

指定偏移距离或［通过（T）/ 删除（E）/ 图层（L）］< 通过 >：305

选定财务室右墙内墙线，在其左方的空白处单击，便可得到一条与原直线平行且距离为305mm 的平行线，按 Esc 键退出编辑状态。

19）在 CAD 下方"命令"行中输入：

"O/O OFFSET"（偏移的命令）

当前设置：删除源 = 否　图层 = 源　OFFSETGAPTYPE=0

指定偏移距离或［通过（T）/ 删除（E）/ 图层（L）］< 通过 >：285

选定副总经理室左墙内墙线，在其右方的空白处单击，便可得到一条与原直线平行且距离为285mm 的平行线，按 Esc 键退出编辑状态，18 ）、19 ）步操作如图 4.3.70 所示。

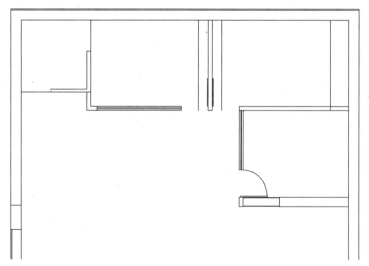

图 4.3.70　分别绘制平行线

20）在 CAD 下方"命令"行中输入：

"O/O OFFSET"（偏移的命令）

当前设置：删除源＝否　图层＝源　OFFSETGAPTYPE=0

指定偏移距离或［通过（T）/删除（E）/图层（L）］＜通过＞：35

选定副总经理室内右边的第一条竖线，在其左方的空白处单击，便可得到一条与原直线平行且距离为 35mm 的平行线，按 Esc 键退出编辑状态，如图 4.3.71 所示。

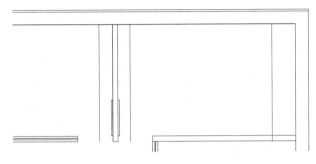

图 4.3.71　绘制与原直线距 35mm 的平行线

21）在"命令"行中输入"tr/trim"（修剪命令）或按 Shift 键变成 extend（延伸命令），并双击。此时十字光标变成了"口"字形状，在此状态下修剪多余的直线，按 Esc 键退出编辑状态。对于不能修剪的直线按 Delete 键直接删去，最后按 Esc 键退出编辑状态，如图 4.3.72 所示。

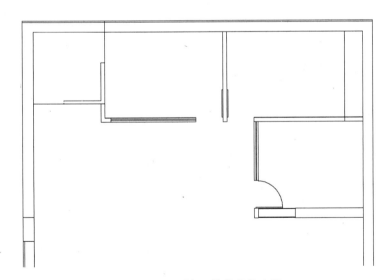

图 4.3.72　删去不能修剪的直线

22）绘制门。单击右侧菜单栏中的按钮，由下图中上面红色圈内一个交点向中间交点画弧并止于最下面的交点，绘制完毕后选中门，点击门弧线所在的中间的蓝色方块来调节门的弧度；同理绘制另一扇门，选中所绘制的"双开门"点击"门"所在的图层，刚绘制的直线就被改在"门"所在的图层上，按 Esc 键退出编辑状态。对于多余的弧线，用 ti（修剪命令）进行修剪，如图 4.3.73 所示。

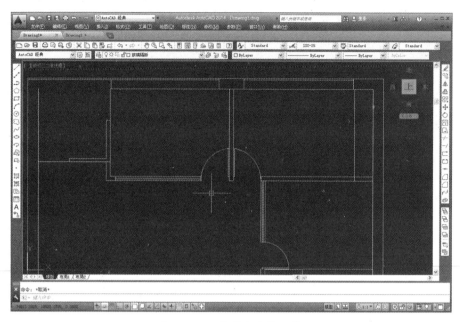

图 4.3.73　修剪多余的弧线

23）在 CAD 下方"命令"行中输入：

"O/O OFFSET"（偏移的命令）

当前设置：删除源＝否　图层＝源　OFFSETGAPTYPE=0

指定偏移距离或［通过（T）/删除（E）/图层（L）]＜通过＞：1580

选定小会议室左墙的外墙线，在其右方的空白处单击，便可得到一条与原直线平行且距离为1580mm 的平行线，按 Esc 键退出编辑状态，如图 4.3.74 所示。

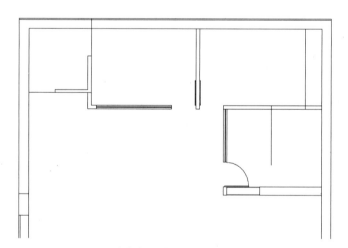

图 4.3.74　绘制与原直线距 1580mm 的平行线

24）在 CAD 下方"命令"行中输入：

"O/O OFFSET"（偏移的命令）

当前设置：删除源＝否　图层＝源　OFFSETGAPTYPE=0

指定偏移距离或［通过（T）/删除（E）/图层（L）]＜通过＞：150

选定小会议室和副总经理室同一面墙上最上方的墙线，在其上方的空白处单击，便可得到一条与原直线平行且距离为 150mm 的平行线，按 Esc 键退出编辑状态。

25）在 CAD 下方"命令"行中输入：

"O/O OFFSET"（偏移的命令）

当前设置：删除源 = 否　图层 = 源　OFFSETGAPTYPE=0

指定偏移距离或［通过（T）/ 删除（E）/ 图层（L）]< 通过 >：250

选定 24）步偏移后的直线，在其上方空白处单击，便可得到一条与原直线平行且距离为 250mm 的平行线，按 Esc 键退出编辑状态，如图 4.3.75 所示。

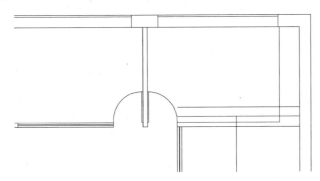

图 4.3.75　绘制与原直线距 250mm 的平行线

26）在 CAD 下方"命令"行中输入：

"O/O OFFSET"（偏移的命令）

当前设置：删除源 = 否　图层 = 源　OFFSETGAPTYPE=0

指定偏移距离或［通过（T）/ 删除（E）/ 图层（L）]< 通过 >：340

选定 23）步偏移后的直线，在其右方空白处单击，便可得到一条与原直线平行且距离为 340mm 的平行线，按 Esc 键退出编辑状态，如图 4.3.76 所示。

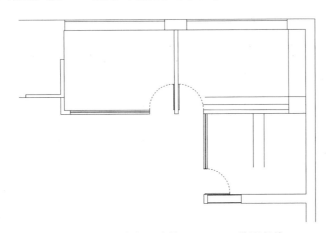

图 4.3.76　绘制与原直线距 340mm 的平行线

27）在"命令"行中输入"tr/trim"（修剪命令）或按 Shift 键变成 extend（延伸命令），并双击。此时十字光标变成了"口"字形状，在此状态下修剪多余的直线，按 Esc

键退出编辑状态。对于不能修剪的直线按 Delete 键直接删去，最后按 Esc 键退出编辑状态，如图 4.3.77 所示。

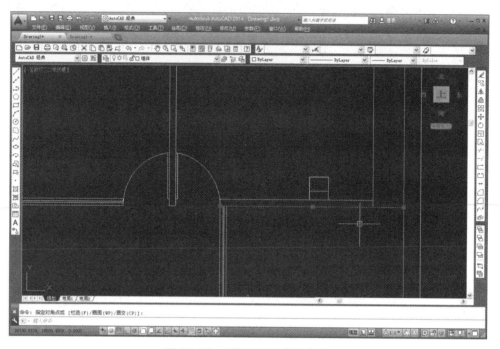

图 4.3.77　删除不能修剪的直线

28）在 CAD 下方"命令"行中输入：

"O/O OFFSET"（偏移的命令）

当前设置：删除源 = 否　图层 = 源　OFFSETGAPTYPE=0

指定偏移距离或［通过（T）/ 删除（E）/ 图层（L）］< 通过 > : 280

选定鼠标所在的直线，在其上方空白处单击，便可得到一条与原直线平行且距离为 280mm 的平行线，按 Esc 键退出编辑状态，如图 4.3.78 所示。

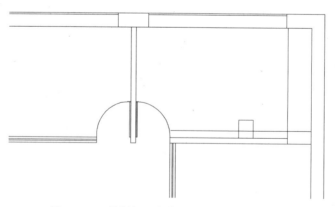

图 4.3.78　绘制与原直线距 280mm 的平行线

29）在"命令"行中输入"tr/trim"（修剪命令）或按 Shift 键变成 extend（延伸命令），并双击。此时十字光标变成了"口"字形状，在此状态下修剪多余的直线，按 Esc 键退出编辑状态。对于不能修剪的直线按 Delete 键直接删去，最后按 Esc 键退出编辑状态，如图 4.3.79 所示。

30）细化图 4.3.80 所示圆圈中的墙体部分。首先选中财务室左墙延伸出的那条横线，在其下方偏移一条 90mm 的平行线；其次选中最左面的墙线，将此线向右偏移一条 40mm 的平行线；最后，利用"修剪"→"延伸"命令进行细化。具体步骤如下：

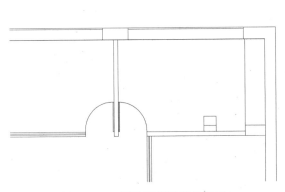

图 4.3.79　删除不能修剪的直线

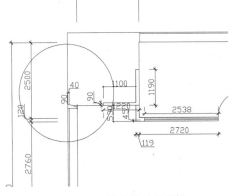

图 4.3.80　放大的墙体部分

a. 在 CAD 下方"命令"行中输入：

"O/O OFFSET"（偏移的命令）

当前设置：删除源 = 否　图层 = 源　OFFSETGAPTYPE=0

指定偏移距离或［通过（T）/ 删除（E）/ 图层（L）］< 通过 >：90

选中财务室左墙延伸出的那条横线，在其下方空白处单击，便可得到一条与原直线平行且距离为 90mm 的平行线，按 Esc 键退出编辑状态，如图 4.3.81 所示。

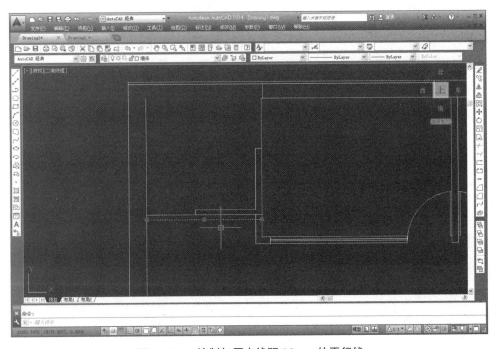

图 4.3.81　绘制与原直线距 90mm 的平行线

b. 在 CAD 下方"命令"行中输入：

"O/O OFFSET"（偏移的命令）

当前设置：删除源=否 图层=源 OFFSETGAPTYPE=0

指定偏移距离或 [通过（T）/ 删除（E）/ 图层（L）] < 通过 > : 40

选中最左面的墙线，在其右方空白处单击，便可得到一条与原直线平行且距离为 40mm 的平行线，按 Esc 键退出编辑状态，如图 4.3.82 所示。

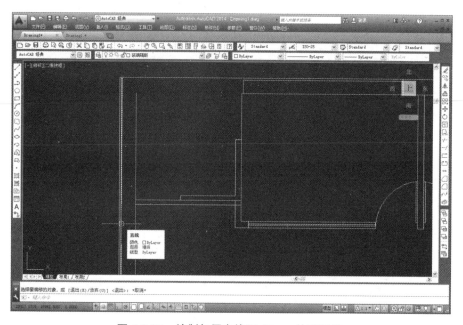

图 4.3.82 绘制与原直线距 40mm 的平行线

c. 在"命令"行中输入"tr/trim"（修剪命令）或按 Shift 键变成 extend（延伸命令），并双击。此时十字光标变成了"口"字形状，在此状态下修剪多余的直线，按 Esc 键退出编辑状态。对于不能修剪的直线按 Delete 键直接删去，最后按 Esc 键退出编辑状态，如图 4.3.83 所示。

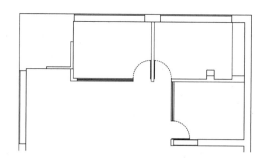

图 4.3.83 删除不能修剪的直线

3. 绘制楼梯平面

细化图 4.3.84 中的楼梯平面图。首先从尺寸数据可得知，楼梯的宽度为 1000mm，台阶宽 250mm，入口处墙旁一共 4 阶竖向楼梯，接着是 1000mm×1000mm 的转角，并有 9 阶横向楼梯。具体绘制步骤如下：

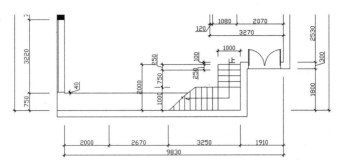

图 4.3.84　放大的平面图

（1）在 CAD 下方"命令"行中输入：

"O/O OFFSET"（偏移的命令）

当前设置：删除源 = 否　图层 = 源　OFFSETGAPTYPE=0

指定偏移距离或［通过（T）/ 删除（E）/ 图层（L）］< 通过 >：100

选中图 4.3.84 中方框所在的直线，在其下方空白处单击，便可得到一条与原直线平行且距离为 100mm 的平行线，按 Esc 键退出编辑状态，如图 4.3.85 所示。

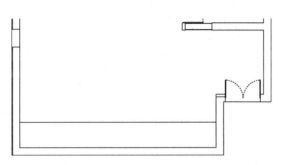

图 4.3.85　绘制与原直线距 100mm 的平行线

（2）在 CAD 下方"命令"行中输入：

"O/O OFFSET"（偏移的命令）

当前设置：删除源 = 否　图层 = 源　OFFSETGAPTYPE=0

指定偏移距离或［通过（T）/ 删除（E）/ 图层（L）］< 通过 >：1000

选中入口处左墙的内墙线，在其左方空白处单击，便可得到一条与原直线平行且距离为 1000mm 的平行线，按 Esc 键退出编辑状态，如图 4.3.86 所示。

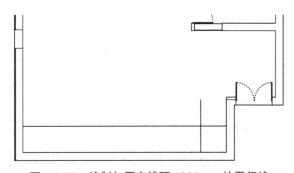

图 4.3.86　绘制与原直线距 1000mm 的平行线

（3）在 CAD 下方"命令"行中输入：

"O/O OFFSET"（偏移的命令）

当前设置：删除源＝否　图层＝源　OFFSETGAPTYPE=0

指定偏移距离或［通过（T）/删除（E）/图层（L）]＜通过＞：3200

选中入口处左墙的内墙线，在其左方空白处单击，便可得到一条与原直线平行且距离为 3200mm 的平行线，按 Esc 键退出编辑状态，如图 4.3.87 所示。

图 4.3.87　绘制与原直线距 3200mm 的平行线

（4）在"命令"行中输入"tr/trim "（修剪命令）或按 Shift 键变成 extend（延伸命令），并双击。此时十字光标变成了"口"字形状，在此状态下修剪多余的直线，按 Esc 键退出编辑状态。对于不能修剪的直线按 Delete 键直接删去，最后按 Esc 键退出编辑状态，如图 4.3.88 所示。

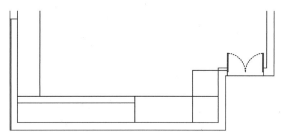

图 4.3.88　删除不能修剪的直线

（5）在 CAD 下方"命令"行中输入：

"O/O OFFSET"（偏移的命令）

当前设置：删除源＝否　图层＝源　OFFSETGAPTYPE=0

指定偏移距离或［通过（T）/删除（E）/图层（L）]＜通过＞：250

选中楼梯的边线，在其内部空白处单击，便可得到一条与原直线平行且距离为 250mm 的平行线，按 Esc 键退出编辑状态，如图 4.3.89 所示。

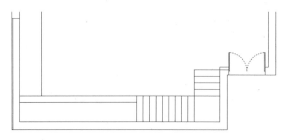

图 4.3.89　绘制与原直线距 250mm 的平行线

（6）绘制楼梯截断线。首先单击左侧菜单中的直线 按钮，利用直线绘制，并将指示方向的箭头一并绘制出来。利用 ti（裁剪命令）将多余的楼梯线裁剪掉。其次新建名字为"楼梯"的图层，单击楼梯所在的直线，并单击图层"楼梯"，即把楼梯线全置入到"楼梯"图层上，如图4.3.90所示。

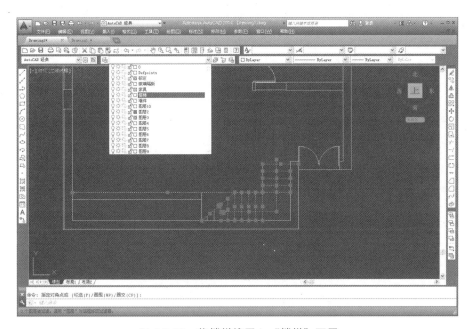

图4.3.90　将楼梯线置入"楼梯"图层

（7）在CAD下方"命令"行中输入：

"O/O OFFSET"（偏移的命令）

当前设置：删除源＝否　图层＝源　OFFSETGAPTYPE=0

指定偏移距离或［通过（T）/删除（E）/图层（L）］＜通过＞：40

选中从下向上的第三条直线，在其上方空白处单击，便可得到一条与原直线平行且距离为40mm的平行线，按Esc键退出编辑状态，如图4.3.91所示。

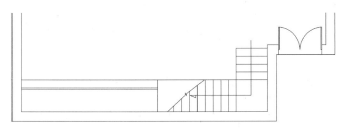

图4.3.91　退出编辑状态

（8）在"命令"行中输入"tr/trim"（修剪命令）或按Shift键变成extend（延伸命令），并双击。此时十字光标变成了"口"字形状，在此状态下修剪多余的直线，按Esc键退出编辑状态。对于不能修剪的直线按Delete键直接删去，最后按Esc键退出编辑状态，如图4.3.92所示。具体绘制步骤如下：

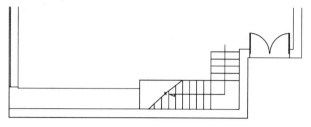

图 4.3.92　删除不能修剪的直线

1）在 CAD 下方"命令"行中输入：

"O/O OFFSET"（偏移的命令）

当前设置：删除源＝否　图层＝源　OFFSETGAPTYPE=0

指定偏移距离或［通过（T）/删除（E）/图层（L）］＜通过＞：1100

选中最左侧墙体的内墙线，在其右方空白处单击，便可得到一条与原直线平行且距离为1100mm 的平行线，按 Esc 键退出编辑状态，如图 4.3.93 所示。

2）在 CAD 下方"命令"行中输入：

"O/O OFFSET"（偏移的命令）

当前设置：删除源＝否　图层＝源　OFFSETGAPTYPE=0

指定偏移距离或［通过（T）/删除（E）/图层（L）］＜通过＞：900

选中 1）步偏移后，在其右方空白处单击，便可得到一条与原直线平行且距离为 900mm 的平行线，按 Esc 键退出编辑状态，如图 4.3.93 所示。

3）在 CAD 下方"命令"行中输入：

"O/O OFFSET"（偏移的命令）

当前设置：删除源＝否　图层＝源　OFFSETGAPTYPE=0

指定偏移距离或［通过（T）/删除（E）/图层（L）］＜通过＞：320

选中从下往上的第三条直线，在其下方空白处单击，便可得到一条与原直线平行且距离为320mm 的平行线，按 Esc 键退出编辑状态，如图 4.3.93 所示。

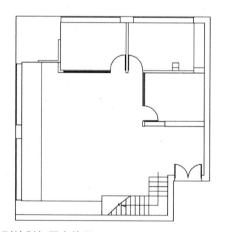

图 4.3.93　分别绘制与原直线距 1100mm、900mm、320mm 的平行线

（9）在"命令"行中输入"tr/trim"（修剪命令）或按Shift键变成extend（延伸命令），并双击。此时十字光标变成了"口"字形状，在此状态下修剪多余的直线，按Esc键退出编辑状态。对于不能修剪的直线按Delete键直接删去，最后按Esc键退出编辑状态，如图4.3.94所示。

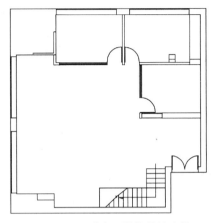

图4.3.94 删除不能修剪的直线

4. 填充墙体

与图4.3.95中选中的墙体的填充物相同，所以一同填充。具体步骤如下：

一层平面图

图4.3.95 填充墙体

（1）在"命令"行中输入"h"（填充命令），"图案"选择"SOLID"（图4.3.96），单击"边界"框下的 命令，选中所要填充的位置，待所填充的图形围合的直线变成"点状线"后，按键盘上的回车键，单击"预览"按钮（预览所填充物比例是否合适，若合适则按回车键退出；若不合适，则按键盘上的Backspace键，调节比例下方的数字），按回车键退出。最后新建图层，命名为"SOLID"，并将填充物置于此图层上，如图4.3.97和图4.3.98所示。

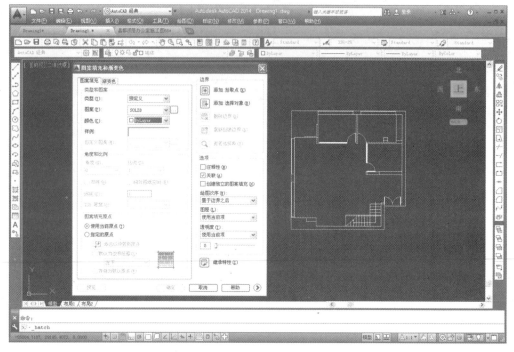

图 4.3.96　图案填充

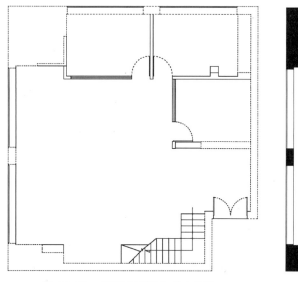

图 4.3.97　所填充图形变成点状线

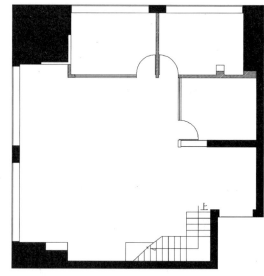

图 4.3.98　将填充物置于 SOLID 图层

（2）同理，填充其余墙体，图 4.3.99 中墙体填充物为"JIS-WOLD"，比例为 100。最后新建图层，命名为 JIS-WOLD，并将填充物置于此图层上，如图 4.3.99 所示。

（3）同理，填充其余墙体，图 4.102 中墙体填充物为"HEX"，比例为 15。最后新建图层，命名为"HEX"，并将填充物置于此图层上，如图 4.3.100 所示。

综上所述，一层平面图绘制完毕，室内座椅、柜子则是下载的 CAD 软件所需的节点模型，按照一定比例放置绘制完成的平面图内。二层平面图的绘制方法和一层平面图所使用的命令一样，同学们应对平面图灵活运用。

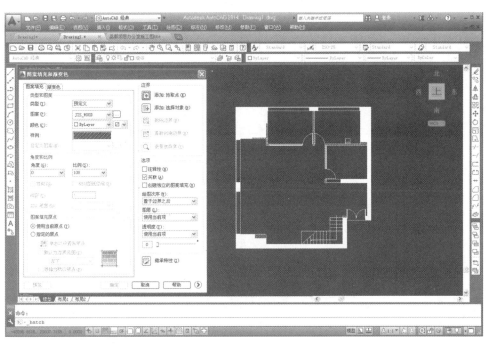

图 4.3.99　填充其余墙体步骤 1

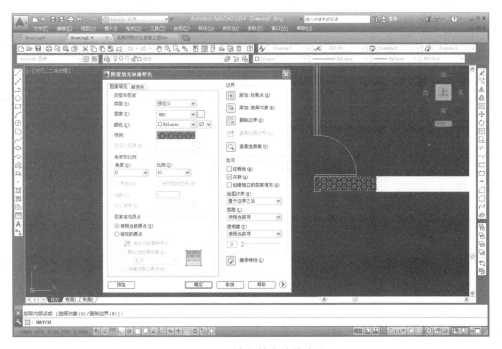

图 4.3.100　填充其余墙体步骤 2

4.4　天花图的绘制

本节以某办公空间的一层天花图（图 4.4.1）为例，讲解绘制要领和步骤，二层二花图请同学们在理解一层图纸绘制的基础上自行绘制。

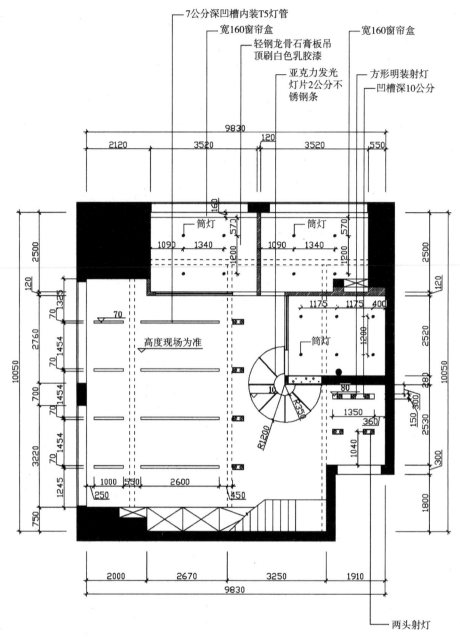

图 4.4.1　天花平面图

1. 分析天花图

一层天花主要有 T5 灯管、射灯、发光灯片、筒灯这 4 种照明方式。形象墙处有个半圆形造型的吊顶。

2. 绘制天花图

（1）将平面图上的门，改成普通墙体，如图 4.4.2 所示。

（2）绘制暗藏灯带（图 4.4.3 中虚线部分）。通过测量得知，隐藏的灯带宽度均为 150mm。首先从入口处灯带开始绘制，绘制出第一条直线后只需向左偏移 150mm，即绘制出第一条灯带；第二条灯带距离入口处左墙的内墙线 3100mm。只需将第一条灯带中左虚线向左偏移 3100mm，然后将此直线偏移 150mm，即绘制出第二条灯带。第三条灯带距离最左方墙体的内墙线 1450mm。只需偏移其内墙线 1450mm，然后再偏移出 150mm 的宽度即可。

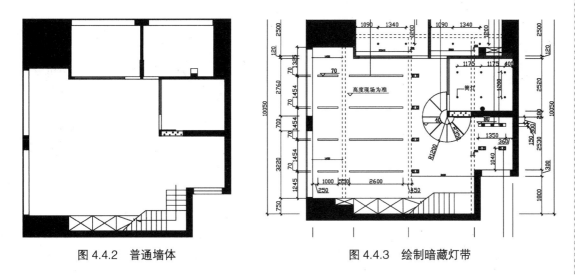

图 4.4.2　普通墙体　　　　　　图 4.4.3　绘制暗藏灯带

　　待上述步骤绘制完毕后，新建一图层，命名为"暗藏灯带"，并把线型改为"虚线"，将以上几步绘制的直线选中，单击"暗藏灯带"图层，即绘制所需灯带，如图 4.4.4 所示。具体绘制步骤如下：

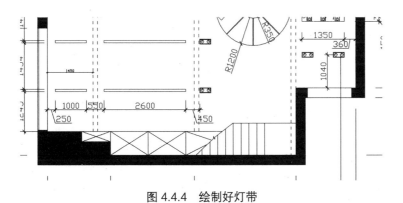

图 4.4.4　绘制好灯带

　　1）在"命令"行中输入"ex/extend"（延伸命令），并双击。此时十字光标变成了"口"字形状，在此状态下选中入口左墙体的内墙线并延伸，按 Esc 键退出编辑状态，如图 4.4.5 所示。

　　2）在 CAD 下方"命令"行中输入：

　　"O/O OFFSET"（偏移的命令）

　　当前设置：删除源 = 否　　图层 = 源　OFFSETGAPTYPE=0

　　指定偏移距离或［通过（T）/ 删除（E）/ 图层（L）］< 通过 >：150

　　选中上步延伸后的直线，在其左方空白处单击，便可得到一条与原直线平行且距离为 150mm 的平行线，按 Esc 键退出编辑状态，如图 4.4.6 所示。

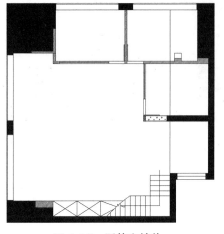
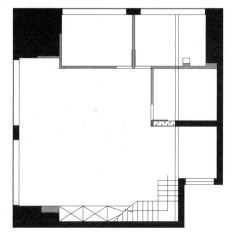

图 4.4.5　延伸左墙体　　　　　图 4.4.6　绘制与原直线距 150mm 的平行线

3）分为两步：

a. 在 CAD 下方"命令"行中输入：

"O/O OFFSET"（偏移的命令）

当前设置：删除源 = 否　　图层 = 源　　OFFSETGAPTYPE=0

指定偏移距离或［通过（T）/ 删除（E）/ 图层（L）]＜通过＞：3100

选中 2）步偏移后的直线，在其左方空白处单击，便可得到一条与原直线平行且距离为 3100mm 的平行线，按 Esc 键退出编辑状态。

b. 在 CAD 下方"命令"行中输入：

"O/O OFFSET"（偏移的命令）

当前设置：删除源 = 否　　图层 = 源　　OFFSETGAPTYPE=0

指定偏移距离或［通过（T）/ 删除（E）/ 图层（L）]＜通过＞：150

选中 a 步偏移后的直线，在其左方空白处单击，便可得到一条与原直线平行且距离为 150mm 的平行线，按 Esc 键退出编辑状态，如图 4.4.7 所示。

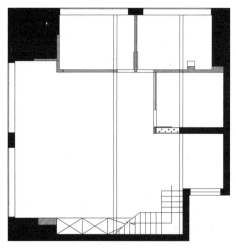

图 4.4.7　绘制与原直线距 150mm 的平行线

4）分为两步：

a. 在 CAD 下方"命令"行中输入：

"O/O OFFSET"（偏移的命令）

当前设置：删除源＝否　图层＝源　OFFSETGAPTYPE=0

指定偏移距离或［通过（T）/删除（E）/图层（L）]＜通过＞:1450

选中最左侧墙体的内墙线，在其右方空白处单击，便可得到一条与原直线平行且距离为 1450mm 的平行线，按 Esc 键退出编辑状态。

b. 在 CAD 下方"命令"行中输入：

"O/O OFFSET"（偏移的命令）

当前设置：删除源＝否　图层＝源　OFFSETGAPTYPE=0

指定偏移距离或［通过（T）/删除（E）/图层（L）]＜通过＞:150

选中 a 步偏移后的直线，在其右方空白处单击，便可得到一条与原直线平行且距离为 150mm 的平行线，按 Esc 键退出编辑状态，如图 4.4.8 所示。

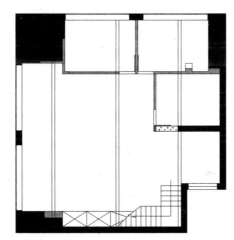

图 4.4.8　绘制与原直线距 150mm 的平行线

5）分为 3 步：

a. 在 CAD 下方"命令"行中输入：

"O/O OFFSET"（偏移的命令）

当前设置：删除源＝否　图层＝源　OFFSETGAPTYPE=0

指定偏移距离或［通过（T）/删除（E）/图层（L）]＜通过＞:860

选中财务室下方墙体的内墙线，在其上方空白处单击，便可得到一条与原直线平行且距离为 860mm 的平行线，按 Esc 键退出编辑状态。

b. 在"命令"行中输入"ex/extend"（延伸命令），并双击。此时十字光标变成了"口"字形状，在此状态下选中入口左墙体的内墙线并延伸，按 Esc 键退出编辑状态。

c. 在 CAD 下方"命令"行中输入：

"O/O OFFSET"（偏移的命令）

当前设置：删除源＝否　图层＝源　OFFSETGAPTYPE＝0

指定偏移距离或［通过（T）/删除（E）/图层（L）］＜通过＞：150

选中上步延伸后的直线，在其上方空白处单击，便可得到一条与原直线平行且距离为150mm的平行线，按Esc键退出编辑状态，如图4.4.9所示。

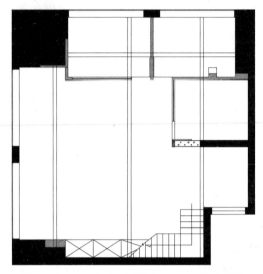

图4.4.9　绘制与原直线距150mm的平行线

6）在"命令"行中输入"tr/trim"（修剪命令）或按Shift键变成extend（延伸命令），并双击。此时十字光标变成了"口"字形状，在此状态下修剪多余的直线，按Esc键退出编辑状态。对于不能修剪的直线按Delete键直接删去，最后按Esc键退出编辑状态，如图4.4.10所示。

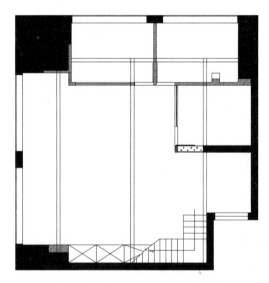

图4.4.10　删除不能修剪的直线

7）新建一图层，命名为"暗藏灯带"，并把线型改为"虚线"，将上几步绘制的直线选中，单击"暗藏灯带"图层，即绘制所需灯带，如图4.4.11所示。

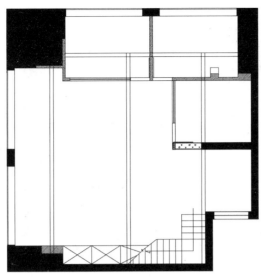

图 4.4.11　绘制所需灯带

若虚线还未显示，因为线型比例过小或者过大。在菜单栏中选择"格式"→"线型"，在弹出的对话框中选择 ACAD_ISO03W100，"全局比例因子"选择"10"（按实际情况自行调整），如图 4.4.12 所示。

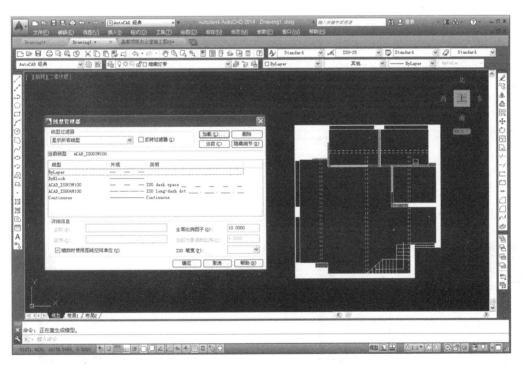

图 4.4.12　线型设置

（3）绘制灯具（T5 灯管凹槽），如图 4.4.13 所示。

一层吊顶上共有 8 个 T5 灯管的凹槽，分别是 2600mm 长、70m 宽的 4 个以及 1000mm 长、70mm 宽的 4 个，且 8 个灯槽竖向间距均为 1454mm。两组灯管凹槽相距 550mm。具体绘制步骤如下：

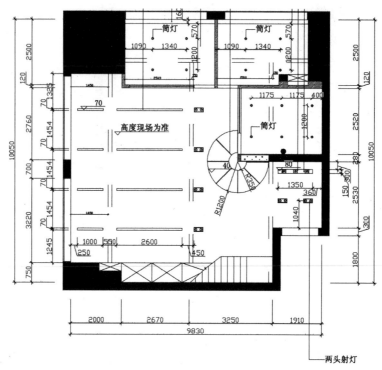

图 4.4.13 绘制灯具

1）在 CAD 下方"命令"行中输入：

"O/O OFFSET"（偏移的命令）

当前设置：删除源 = 否　图层 = 源　OFFSETGAPTYPE=0

指定偏移距离或［通过（T）/ 删除（E）/ 图层（L）]＜通过＞：795

选中财务室下方墙体的外墙线直线（即玻璃隔断所在墙体），在其下方空白处单击，便可得到一条与原直线平行且距离为 795mm 的平行线，按 Esc 键退出编辑状态，如图 4.4.14 所示。

2）在"命令"栏中输入"ex/extend"（延伸命令），并双击。此时十字光标变成了"口"字形状，在此状态下选中上一步偏移后的直线并延伸，按 Esc 键退出编辑状态，如图 4.4.15 所示。

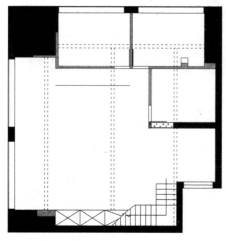

图 4.4.14　绘制与原直线距 795mm 的平行线

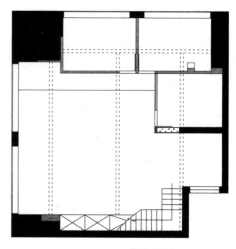

图 4.4.15　延伸直线

3）在 CAD 下方"命令"行中输入：

"O/O OFFSET"（偏移的命令）

当前设置：删除源 = 否　　图层 = 源　　OFFSETGAPTYPE=0

指定偏移距离或［通过（T）/ 删除（E）/ 图层（L）］< 通过 >：70

选中上步延伸后的直线，在其下方空白处单击，便可得到一条与原直线平行且距离为
70mm 的平行线，按 Esc 键退出编辑状态，如图 4.4.16 和图 4.4.17 所示。

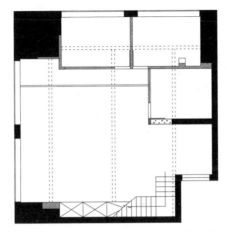

图 4.4.16　绘制与原直线距 70mm 的平行线

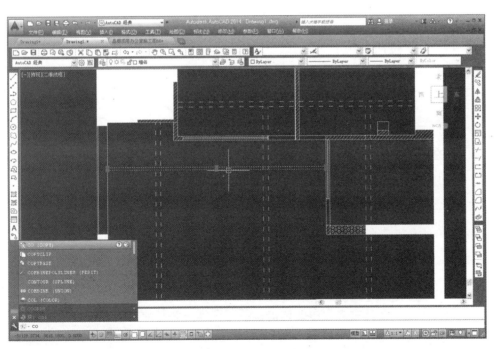

图 4.4.17　复制直线

4）选中第 3）步后的两条直线（图 4.4.17），在下方"命令"行中输入"co"（copy 复
制命令），按下"空格"键，并向下方空白处拖动（按 F8 键打开正交），同时输入"1454"
（即复制的位移），并按回车键确定，连续向下 3 次并单击确定，如图 4.4.18 所示。

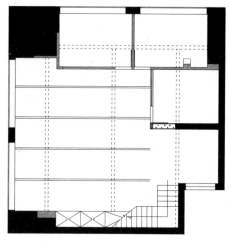

图 4.4.18　3 次复制

5）分为 4 步：

a. 在 CAD 下方"命令"行中输入：

"O/O OFFSET"（偏移的命令）

当前设置：删除源 = 否　图层 = 源　OFFSETGAPTYPE=0

指定偏移距离或［通过（T）/ 删除（E）/ 图层（L）］< 通过 >：250

选中最左方墙体的内墙线，在其右方空白处单击，便可得到一条与原直线平行且距离为 250mm 的平行线，按 Esc 键退出编辑状态。

b. 在 CAD 下方"命令"行中输入：

"O/O OFFSET"（偏移的命令）

当前设置：删除源 = 否　图层 = 源　OFFSETGAPTYPE=0

指定偏移距离或［通过（T）/ 删除（E）/ 图层（L）］< 通过 >：1000

选中 a 步偏移后的直线，在其右方空白处单击，便可得到一条与原直线平行且距离为 1000mm 的平行线，按 Esc 键退出编辑状态。

c. 在 CAD 下方"命令"行中输入：

"O/O OFFSET"（偏移的命令）

当前设置：删除源 = 否　图层 = 源　OFFSETGAPTYPE=0

指定偏移距离或［通过（T）/ 删除（E）/ 图层（L）］< 通过 >：550

选中 b 步偏移后的直线，在其右方空白处单击，便可得到一条与原直线平行且距离为 550mm 的平行线，按 Esc 键退出编辑状态。

d. 在 CAD 下方"命令"行中输入：

"O/O OFFSET"（偏移的命令）

当前设置：删除源 = 否　图层 = 源　OFFSETGAPTYPE=0

指定偏移距离或［通过（T）/ 删除（E）/ 图层（L）］< 通过 >：2600

选中 c 步偏移后的直线，在其右方空白处单击，便可得到一条与原直线平行且距离为 2600mm 的平行线，按 Esc 键退出编辑状态，如图 4.4.19 所示。

6）在"命令"行中输入"tr/trim"（修剪命令）或按 Shift 键变成 extend（延伸命令），并双击。此时十字光标变成了"口"字形状，在此状态下修剪多余的直线，按 Esc 键退出编辑状态。对于不能修剪的直线按 Delete 键直接删去，按 Esc 键退出编辑状态。最后新建"灯槽"图层，将其置入灯槽图层下，如图 4.4.20 所示。

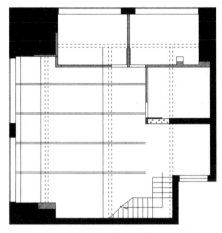 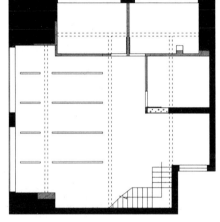

图 4.4.19　绘制好的图　　　　　图 4.4.20　将绘好的图形置入灯槽图层

（4）绘制灯具（两头射灯）。

1）在空白处先把两头射灯绘制出来，然后再复制到天花图中所在的位置。

在左边竖向菜单栏中选择"直线"　命令，按 F8 键打开正交，然后按照图 4.4.21 所示尺寸先绘制出 160mm 的外框，然后选中依次向内偏移 15mm，如图 4.4.22 所示。

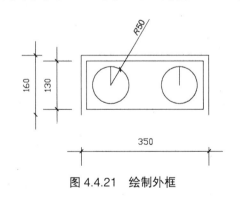

图 4.4.21　绘制外框

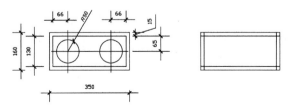

图 4.4.22　选中外框并依次向内偏移

2）在"命令"行中输入"tr/trim"（修剪命令），并双击。此时十字光标变成了"口"字形状，在此状态下修剪多余的直线，按 Esc 键退出编辑状态，如图 4.4.23 所示。

3）绘制圆形灯筒所需辅助线。首先绘制灯筒所需的辅助线，通过图 4.4.23 所示尺寸进行偏移现有直线，并延伸，如图 4.4.24 所示。

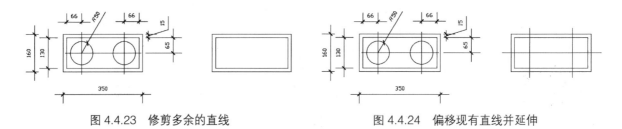

图 4.4.23　修剪多余的直线　　　　　　　　图 4.4.24　偏移现有直线并延伸

4）绘制圆形灯筒。在左侧竖向菜单栏中选择 ⊘ 命令，打开捕捉，并以两条辅助线交叉的点为圆心，并输入 50mm，即可绘制所需射灯，最后将辅助线删去即可；选中绘制的射灯，在下侧"命令"行中输入"B"（成组命令），并在弹出的对话框中将此组命名为"两头射灯"，最后单击"确定"按钮（此时所绘制的射灯成为一个整体的组件，便于下一步的复制），并新建"射灯"图层，将射灯置入其图层下，如图 4.4.25 和图 4.4.26 所示。

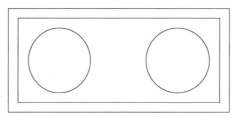

图 4.4.25　绘制圆形筒灯

图 4.4.26　名称设置

5）确定射灯的位置并复制。通过尺寸数据分析得出，两射灯之间均为1364mm的间距。图4.4.27中选中的3条直线为所需辅助线，首先将财务室右墙的内墙线向下延伸，然后将延伸后的直线向左偏移440mm；其次选中财务室下方墙体的外墙线（即玻璃隔断所在的墙体），向下偏移750m；最后将刚绘制的射灯右上角复制到左侧交叉点的位置，具体步骤如下：

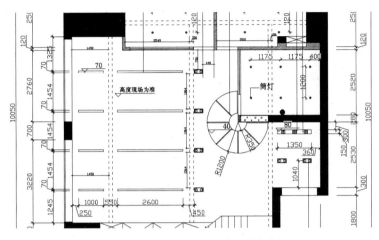

图4.4.27　确定射灯的位置并复制

a. 在左边竖向菜单栏中选择"直线" 命令，按F8键打开正交，将财务室右墙内墙线向下延伸，如图4.4.28所示。

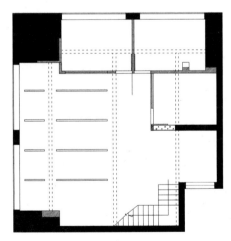

图4.4.28　延伸墙线

b. 在CAD下方"命令"行中输入：

"O/O OFFSET"（偏移的命令）

当前设置：删除源=否　图层=源　OFFSETGAPTYPE=0

指定偏移距离或［通过（T）/删除（E）/图层（L）］<通过>：440

选中上步延伸出来的直线，在其左方空白处单击，便可得到一条与原直线平行且距离为440mm的平行线，按Esc键退出编辑状态，如图4.4.29所示。

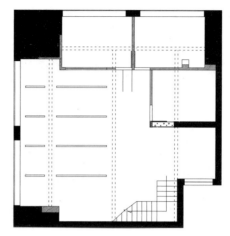

图 4.4.29　绘制延伸线的平行线

c. 在 CAD 下方"命令"行中输入：

"O/O OFFSET"（偏移的命令）

当前设置：删除源＝否　图层＝源　OFFSETGAPTYPE=0

指定偏移距离或［通过（T）/ 删除（E）/ 图层（L）］＜通过＞：750

选中财务室下方墙体的外墙线（即玻璃隔断所在的墙体），在其下方空白处单击，便可得到一条与原直线平行且距离为 750mm 的平行线，按 Esc 键退出编辑状态，如图 4.4.30 所示。

d. 将刚绘制的射灯右上角移动到左侧交叉点的位置，在命令行中输入"m（移动命令）选中射灯右上角的点，并将此点移动到左侧交叉点的位置"。选中复制在交叉点的射灯，在命令行中输入"co（复制命令）"，输入 1364 并单击确定，连续单击 3 次，最后将辅助线删去，如图 4.4.31 所示。

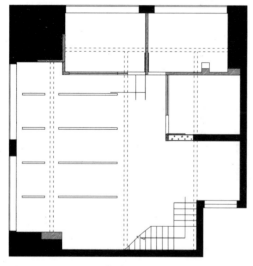

图 4.4.30　绘制与原直线距 750mm 的平行线

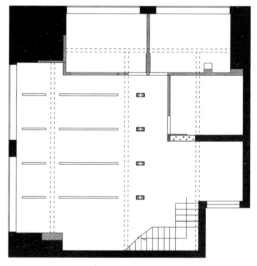

图 4.4.31　绘制好后删除辅助线

余下的射灯、筒灯均采用上述方法，具体步骤按照实际情况灵活使用。

6）绘制圆形造型的吊顶。通过图 4.4.32 可知，圆形吊顶由半径为 1200mm 和 350mm 的两个圆组成，圆心位于公司形象墙的外墙线定点处。首先绘制两个大小不同的圆形：

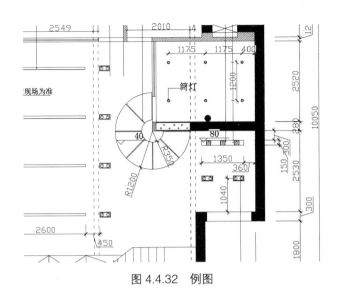

图 4.4.32　例图

a. 打开下方命令行中的"捕捉"命令，选择左侧竖向菜单栏中的 ◎|命令，并输入 1200mm，即可绘制大圆，同理，绘制内部的圆形，如图 4.4.33 所示。

b. 在"命令"行中输入"tr/trim"（修剪命令），并双击。此时十字光标变成了"口"字形状，在此状态下修剪多余的直线，按 Esc 键退出编辑状态，如图 4.4.34 所示。

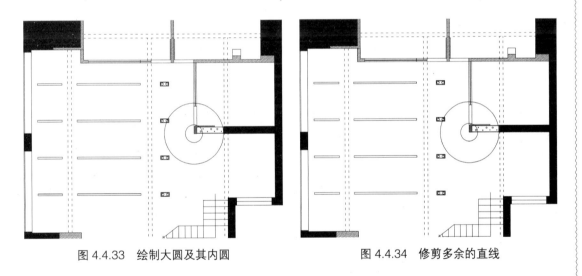

图 4.4.33　绘制大圆及其内圆　　　　　图 4.4.34　修剪多余的直线

c. 在左边竖向菜单栏中选择"直线" ✎ 命令，按 F8 键打开正交，绘制圆形吊顶内部的直线造型。

4.5　立面图的绘制

立面图绘制方法大体相同，下面以"公司形象墙立面图"的绘制为例，具体讲解立面图绘制的一般步骤。通过图 4.5.1 所示的（即公司形象墙立面图）尺寸数据可以得知，形象墙宽 3270mm（一定要和平面对中尺寸对应），高 2500mm，形象墙主要为斑马木饰面材质和钢化玻璃材质。具体绘制步骤如下：

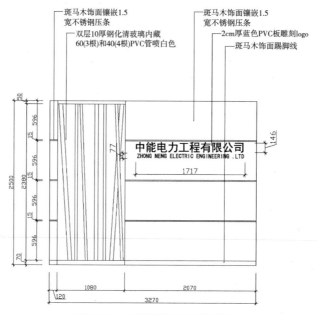

图 4.5.1　公司形象墙立面图尺寸

（1）在左边竖向菜单栏中选择"直线"✐命令，按 F8 键打开正交，在空白处绘制一条直线（新建"立面图"图层，将直线放在此图层下），并输入 3270，按回车键退出，最后按 Esc 键退出编辑状态，如图 4.5.2 所示。

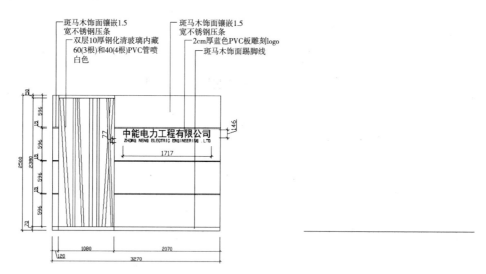

图 4.5.2　绘制一条直线

按照图 4.5.2 的尺寸数据，将第一步绘制的直线依次偏移 70mm、596mm、15mm、596mm、15mm、596mm、15mm、596mm、50mm，或者将直线偏移 70mm、596mm、15mm，然后选中 596mm 和 15mm 所在的直线"复制"两次，然后再偏移 50mm，即可完成，具体绘制步骤如下：

1）在 CAD 下方"命令"行中输入：

"O/O OFFSET"（偏移的命令）

当前设置：删除源＝否　　图层＝源　　OFFSETGAPTYPE=0

指定偏移距离或［通过（T）/删除（E）/图层（L）］＜通过＞：70

选中上面绘制的直线，在其上方空白处单击，便可得到一条与原直线平行且距离为70mm 的平行线，按 Esc 键退出编辑状态。

2）在 CAD 下方"命令"行中输入：

"O/O OFFSET"（偏移的命令）

当前设置：删除源＝否　　图层＝源　　OFFSETGAPTYPE=0

指定偏移距离或［通过（T）/删除（E）/图层（L）］＜通过＞：596

选中1）偏移后的直线，在其上方空白处单击，便可得到一条与原直线平行且距离为596mm 的平行线，按 Esc 键退出编辑状态。

3）在 CAD 下方"命令"行中输入：

"O/O OFFSET"（偏移的命令）

当前设置：删除源＝否　　图层＝源　　OFFSETGAPTYPE=0

指定偏移距离或［通过（T）/删除（E）/图层（L）］＜通过＞：15

选中2）偏移后的直线，在其上方空白处单击，便可得到一条与原直线平行且距离为15mm 的平行线，按 Esc 键退出编辑状态。

4）在 CAD 下方"命令"行中输入：

"O/O OFFSET"（偏移的命令）

当前设置：删除源＝否　　图层＝源　　OFFSETGAPTYPE=0

指定偏移距离或［通过（T）/删除（E）/图层（L）］＜通过＞：596

选中3）偏移后的直线，在其上方空白处单击，便可得到一条与原直线平行且距离为596mm 的平行线，按 Esc 键退出编辑状态。

5）在 CAD 下方"命令"行中输入：

"O/O OFFSET"（偏移的命令）

当前设置：删除源＝否　　图层＝源　　OFFSETGAPTYPE=0

指定偏移距离或［通过（T）/删除（E）/图层（L）］＜通过＞：15

选中4）偏移后的直线，在其上方空白处单击，便可得到一条与原直线平行且距离为15mm 的平行线，按 Esc 键退出编辑状态。

6）在 CAD 下方"命令"行中输入：

"O/O OFFSET"（偏移的命令）

当前设置：删除源＝否　　图层＝源　　OFFSETGAPTYPE=0

指定偏移距离或［通过（T）/删除（E）/图层（L）］＜通过＞：596

选中5）偏移后的直线，在其上方空白处单击，便可得到一条与原直线平行且距离为

596mm 的平行线，按 Esc 键退出编辑状态。

7）在 CAD 下方"命令"行中输入：

"O/O OFFSET"（偏移的命令）

当前设置：删除源＝否　图层＝源　OFFSETGAPTYPE=0

指定偏移距离或［通过（T）/删除（E）/图层（L）]＜通过＞：15

选中 4）偏移后的直线，在其上方空白处单击，便可得到一条与原直线平行且距离为 15mm 的平行线，按 Esc 键退出编辑状态。

8）在 CAD 下方"命令"行中输入：

"O/O OFFSET"（偏移的命令）

当前设置：删除源＝否　图层＝源　OFFSETGAPTYPE=0

指定偏移距离或［通过（T）/删除（E）/图层（L）]＜通过＞：596

选中 7）偏移后的直线，在其上方空白处单击，便可得到一条与原直线平行且距离为 596mm 的平行线，按 Esc 键退出编辑状态。

9）在 CAD 下方"命令"行中输入：

"O/O OFFSET"（偏移的命令）

当前设置：删除源＝否　图层＝源　OFFSETGAPTYPE=0

指定偏移距离或［通过（T）/删除（E）/图层（L）]＜通过＞：50

选中 8）偏移后的直线，在其上方空白处单击，便可得到一条与原直线平行且距离为 50mm 的平行线，按 Esc 键退出编辑状态，如图 4.5.3 所示。

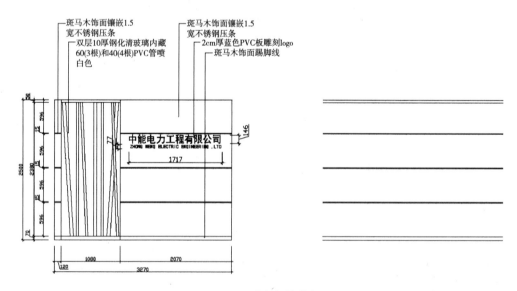

图 4.5.3　绘制好的线条

（2）在左边竖向菜单栏中选择"直线" ╱ 命令（按 F8 键打开正交命令和捕捉命令），在上步所绘制直线的两头分别绘制两条竖线，最后按 Esc 键退出编辑状态，如图 4.5.4 所示。

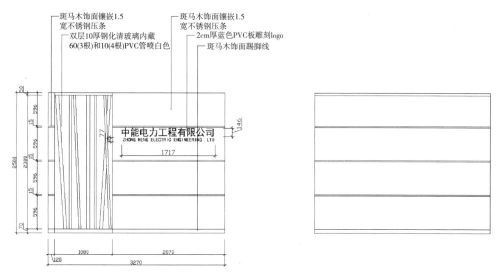

图 4.5.4　绘制两条竖线

（3）选中左侧直线，向右一次偏移 120mm、1080mm、2070mm，具体绘制步骤如下：

1）在 CAD 下方"命令"行中输入：

"O/O OFFSET"（偏移的命令）

当前设置：删除源 = 否　图层 = 源　OFFSETGAPTYPE=0

指定偏移距离或［通过（T）/ 删除（E）/ 图层（L）］< 通过 >：120

选中左侧直线，在其右方空白处单击，便可得到一条与原直线平行且距离为 120mm 的平行线，按 Esc 键退出编辑状态。

2）在 CAD 下方"命令"行中输入：

"O/O OFFSET"（偏移的命令）

当前设置：删除源 = 否　图层 = 源　OFFSETGAPTYPE=0

指定偏移距离或［通过（T）/ 删除（E）/ 图层（L）］< 通过 >：1080

选中 1）偏移后的直线，在其上方空白处单击，便可得到一条与原直线平行且距离为 1080mm 的平行线，按 Esc 键退出编辑状态，如图 4.5.5 所示。

（4）在"命令"行中输入"tr/trim"（修剪命令）或按 Shift 键变成 extend（延伸命令），并双击。此时十字光标变成了"口"字形状，在此状态下修剪多余的直线，按 Esc 键退出编辑状态。对于不能修剪的直线按 Delete 键直接删去，按 Esc 键退出编辑状态，如图 4.5.6 所示。

（5）绘制公司 Logo。首先，绘制图 4.5.7 所示的辅助线，选中 Logo 上方的直线，依次向下偏移 23mm、146mm、14mm、77mm。其次，选中公司 Logo 左侧直线依次向右偏移 173mm、1717mm，具体步骤如下：

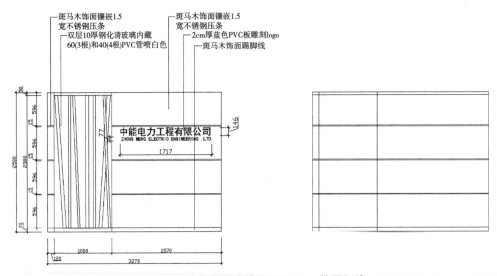

图 4.5.5 绘制与原直线距 1080mm 的平行线

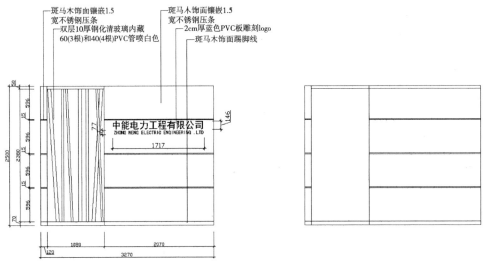

图 4.5.6 删除不能修剪的直线

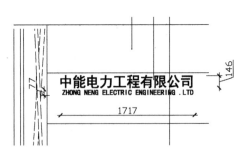

图 4.5.7 绘制公司 Logo

1）在 CAD 下方 "命令" 行中输入：

"O/O OFFSET"（偏移的命令）

当前设置：删除源＝否　图层＝源　OFFSETGAPTYPE=0

指定偏移距离或［通过（T）/删除（E）/图层（L）］＜通过＞：23

选中 Logo 上方的直线，在其下方空白处单击，便可得到一条与原直线平行且距离为 23mm 的平行线，按 Esc 键退出编辑状态。

2）在 CAD 下方"命令"行中输入：

"O/O OFFSET"（偏移的命令）

当前设置：删除源 = 否　　图层 = 源　 OFFSETGAPTYPE=0

指定偏移距离或［通过（T）/ 删除（E）/ 图层（L）］< 通过 >：146

选中 1）偏移后的直线，在其上方空白处单击，便可得到一条与原直线平行且距离为 146mm 的平行线，按 Esc 键退出编辑状态。

3）在 CAD 下方"命令"行中输入：

"O/O OFFSET"（偏移的命令）

当前设置：删除源 = 否　　图层 = 源　 OFFSETGAPTYPE=0

指定偏移距离或［通过（T）/ 删除（E）/ 图层（L）］< 通过 >：14

选中 2）偏移后的直线，在其上方空白处单击，便可得到一条与原直线平行且距离为 14mm 的平行线，按 Esc 键退出编辑状态。

4）在 CAD 下方"命令"行中输入：

"O/O OFFSET"（偏移的命令）

当前设置：删除源 = 否　　图层 = 源　 OFFSETGAPTYPE=0

指定偏移距离或［通过（T）/ 删除（E）/ 图层（L）］< 通过 >：77

选中 3）偏移后的直线，在其上方空白处单击，便可得到一条与原直线平行且距离为 77mm 的平行线，按 Esc 键退出编辑状态。

5）在 CAD 下方"命令"行中输入：

"O/O OFFSET"（偏移的命令）

当前设置：删除源 = 否　　图层 = 源　 OFFSETGAPTYPE=0

指定偏移距离或［通过（T）/ 删除（E）/ 图层（L）］< 通过 >：173

选中公司 Logo 左侧直线，在其右方空白处单击，便可得到一条与原直线平行且距离为 173mm 的平行线，按 Esc 键退出编辑状态。

6）在 CAD 下方"命令"行中输入：

"O/O OFFSET"（偏移的命令）

当前设置：删除源 = 否　　图层 = 源　 OFFSETGAPTYPE=0

指定偏移距离或［通过（T）/ 删除（E）/ 图层（L）］< 通过 >：1717

选中 5）偏移后的直线，在其上方空白处单击，便可得到一条与原直线平行且距离为 1717mm 的平行线，按 Esc 键退出编辑状态，如图 4.5.8 所示。

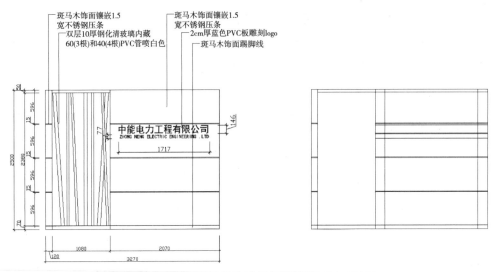

斑马木饰面镶嵌1.5
宽不锈钢压条
双层10厚钢化清玻璃内藏
60(3根)和40(4根)PVC管喷白色

斑马木饰面镶嵌1.5
宽不锈钢压条
2cm厚蓝色PVC板雕刻logo
斑马木饰面踢脚线

中能电力工程有限公司
ZHONG NENG ELECTRIC ENGINEERING .LTD

图 4.5.8　完成平行线绘制

7）公司 Logo 由中文、英文两部分组成。中文使用的黑体、120 号的汉字，英文使用黑体、65 号字母。在 CAD 下方"命令"行中输入"T/Text"命令，在空白处单击并拉出一个输入汉字的对话框，在该对话框中输入"中能电力工程有限公司"。选中输入的所有汉字，在对话框的上方选择字体为"黑体"，大小为"120"，并单击"确定"按钮。选中所绘字体，按键盘上的"m\move（移动）"命令，将字体移动到绘制的辅助线框，英文部分同理绘制。需注意英文字母的颜色为"灰色"。新建"公司 Logo"图层，将字体置入其图层下，最后将辅助线删去即可，如图 4.5.9 所示。

图 4.5.9　新建"公司 Logo"图层

（6）绘制玻璃。玻璃材质上的斜线，可以用"直线"命令绘制，斜度和原立面图相似即可。新建一图层并命名为"钢化玻璃纹样"，将线体的颜色改为"灰色"。

（7）标注材质名称。

1）首先选择命令，绘制一个半径为 10mm 的圆圈，然后再选中圆圈，按键盘上的"h"键填充，单击"其他自定义"→ SOLID 选项卡，选中右侧"边界—添加：拾取点"并单击"确定"按钮，选中圆圈内，待圆圈变为"虚线"，按键盘上的回车键，此时弹出刚才填充的命令框，单击左下方的"预览"按钮（即可预览填充情况，若填充比例过大、过小均显示不对，则按键盘上的 Backspace 键回到命令框，调整其填充比例即可），并按回车键退出。最后选择填充完的圆圈，按键盘上的"B（成组命令）"并按回车键，在弹出的对话框中输入其名字"点"，并单击"确定"按钮。

2）将1）绘制的圆点复制到需要标注材质的位置，并单击左侧命令栏的"直线"命令（按 F8 键打开正交命令和捕捉命令）在圆点上方引出一条直线，并按键盘上的"t"键，在弹出的对话框中输入"材质名称"。

4.6 节点详图的绘制

节点详图就是把房屋构造的局部要体现清楚的细节用较大比例绘制出来，表达出构造做法、尺寸、构配件相互关系和建筑材料等，相对于平立剖而言，是一种辅助图样，通常很多标准做法都可以采用设计通用详图集，国家有出版图集。

本节以"两头射灯"的详图（详图2）的绘制为例子，详图1请参照详图2自行绘制，如图 4.6.1 所示。详图1的具体绘制步骤如下：

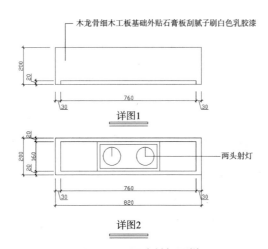

图 4.6.1　两头射灯图样

（1）选择左侧竖向任务栏中的"矩形"命令并单击，拉出矩形线框，此时下方命令栏出现：，单击键盘上的"d"键，并输入矩形框的尺寸 820,200，并按回车键，在窗口的空白处单击（确定矩形框的位置），如图 4.6.2 所示。

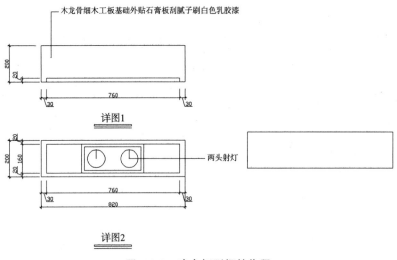

图 4.6.2　确定矩形框的位置

（2）在 CAD 下方"命令"行中输入：

"O/O OFFSET"（偏移的命令）

当前设置：删除源 = 否　图层 = 源　OFFSETGAPTYPE=0

指定偏移距离或［通过（T）/ 删除（E）/ 图层（L）］<通过>：20

选中矩形框，在其内空白处单击，便可得到一个 4 边均小于 20mm 的矩形框，按 Esc 键退出编辑状态。

（3）在 CAD 下方"命令"行中输入：

"X/X EXPLODE"（打散的命令）

选中矩形框，并按回车键。

（4）在 CAD 下方"命令"行中输入：

"O/O OFFSET"（偏移的命令）

当前设置：删除源 = 否　图层 = 源　OFFSETGAPTYPE=0

指定偏移距离或［通过（T）/ 删除（E）/ 图层（L）］<通过>：10

选中打散后的矩形框左边，在其右方空白处单击，并选择其右边，在其左边空白处单击，按 Esc 键退出编辑状态，如图 4.6.3 所示。

图 4.6.3　得到的矩形

（5）在"命令"行中输入"tr/trim"（修剪命令）并双击。此时十字光标变成了"口"字形状，在此状态下修剪多余的直线，按 Esc 键退出编辑状态。对于不能修剪的直线按 Delete 键直接删去，按 Esc 键退出编辑状态，如图 4.6.4 所示。

（6）在CAD下方"命令"行中输入：

"O/O OFFSET"（偏移的命令）

当前设置：删除源=否 图层=源 OFFSETGAPTYPE=0

指定偏移距离或［通过（T）/删除（E）/图层（L）］<通过>：205

选中内矩形框左边，在其右方空白处单击，并选择其右边，在其左边空白处单击，按Esc键退出编辑状态，如图4.6.5所示。

图4.6.4 删除不能修剪的直线

图4.6.5 绘制矩形框

（7）在CAD下方"命令"行中输入：

"O/O OFFSET"（偏移的命令）

当前设置：删除源=否 图层=源 OFFSETGAPTYPE=0

指定偏移距离或［通过（T）/删除（E）/图层（L）］<通过>：15

选中内部最小的矩形框的4边直线，在其相对方向单击，按Esc键退出编辑状态，如图4.6.6所示。

（8）在"命令"行中输入"tr/trim"（修剪命令），并双击。此时十字光标变成了"口"字形状，在此状态下修剪多余的直线，按Esc键退出编辑状态。对于不能修剪的直线按Delete键直接删去，按Esc键退出编辑状态，如图4.6.7所示。

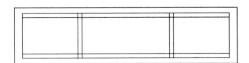
图4.6.6 选中最小矩形框的4条边直线

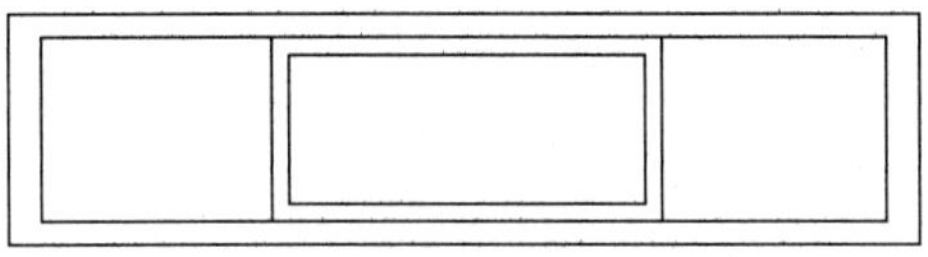

图4.6.7 删去不能修剪的直线

（9）绘制筒灯，首先绘制其辅助线。

1）在CAD下方"命令"行中输入：

"O/O OFFSET"（偏移的命令）

当前设置：删除源=否 图层=源 OFFSETGAPTYPE=0

指定偏移距离或［通过（T）/删除（E）/图层（L）］<通过>：66

选中内部最小的矩形左、右边直线，在其相对方向单击，按Esc键退出编辑状态。

2）在CAD下方"命令"行中输入：

"O/O OFFSET"（偏移的命令）

当前设置：删除源=否 图层=源 OFFSETGAPTYPE=0

指定偏移距离或［通过（T）/删除（E）/图层（L）］<通过>：65

选中内部最小的矩形上边直线，在其相对方向单击，按 Esc 键退出编辑状态，如图 4.6.8 所示。

3）在左侧竖向菜单栏中选择 ⊘ 命令，打开捕捉，并以两条辅助线交叉点为圆心，并输入 50mm，即可绘制所需射灯，并新建"节点"图层，将射灯置入其图层下。

4）在"命令"行中输入"tr/trim"（修剪命令），并双击。此时十字光标变成了"口"字形状，在此状态下修剪多余的直线，按 Esc 键退出编辑状态。对于不能修剪的直线按 Delete 键直接删去，按 Esc 键退出编辑状态，如图 4.6.9 所示。

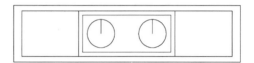

图 4.6.8　绘制小矩形框　　　　图 4.6.9　删除不能修剪的直线

（10）文字标注，见立面图文字标注步骤。

（11）尺寸标注。在菜单栏中选择"标注"→"线性"命令（打开"捕捉"命令），如图 4.6.10 所示，即可标注其尺寸，并按"Backspace"键继续（重复上步命令）标注。新建"尺寸标注"图层，颜色为红色，将所有的尺寸标注置入此图层下。

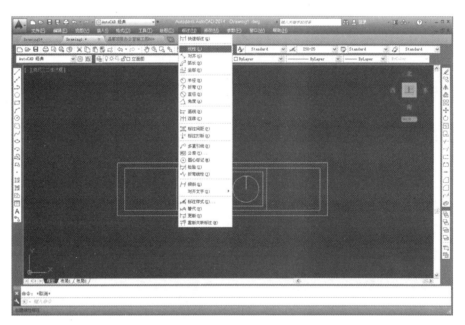

图 4.6.10　选择菜单"标注"→"线性"命令

4.7　保存、图片输出或打印

（1）选择菜单栏中的"文件"→"另存为"命令，或按 Shift+Ctrl+S 组合键，弹出"图形另存为"对话框，并在下方输入"文件名"和"文件类型"（高版本能打开低版本的文件，低版本不能

打开高版本的文件），可以将文件保存为 AutoCAD2000/LT2000 图形或者 AutoCAD2004/
LT2004 的 ".dwg" 格式文件，如图 4.7.1 所示。

图 4.7.1　保存文件

（2）图片输出，选择"文件"→"输出"菜单命令，并设置文件名和文件类型等。

（3）打印，选择"文件"→"打印"，在弹出的对话框（图 4.7.2）中选择打印机，设置打印纸张的大小，"打印比例"为图框标题栏放大倍数的倒数，选中"居中打印"复选框，单击"窗口"按钮，在图中选择图框标题的两对角，单击"预览"按钮无误后单击"确定"按钮，即可以保存图片的格式打印。

图 4.7.2　"打印 – 模型"对话框

附：标注材质名称步骤：

1）首先选择 ⊙ 命令，绘制一个半径为 10mm 的圆圈，然后再选中圆圈，并按下键盘上的 "h" 键填充，单击 "其他自定义"→SOLID，选中右侧 "边界—添加：拾取点" 并单击 "确定" 按钮，选中圆圈内，待圆圈变为 "虚线"，按下键盘上的回车键，此时弹出刚才填充的命令框，单击左下方"预览"按钮（即可预览填充情况，若填充比例过大、过小均显示不对，则按键盘上的 Backspace 键回到"命令"框，调整其"填充比例"即可），并按回车键退出。最后选择填充完的圆圈，按下键盘上的"B（成组命令）"键并按回车键，在弹出的对话框中输入其名字"点"，并单击"确定"按钮。

2）将 1）绘制的圆点复制到需要标注材质的位置，并单击左侧命令栏的"直线" ◹ 命令，（按 F8 键打开"正交"命令和"捕捉"命令），在圆点上方引出一条直线，并按下键盘上的"t"键，在弹出的对话框中输入"材质名称"，并在上方命令栏中调节文字的"字体"与"大小"。

单元小结

本单元详细讲述了办公空间设计方案制作的主要步骤，并分项说明平面图、天花图、立面图及节点详细的绘制方法和步骤，其中对变更图纸概念的讲解，使读者能清晰了解施工过程中一些图纸制作的原因和明细。

单元5　主题餐饮空间设计案例绘制

5.1　竣工图与施工图的区别

施工图由设计院出图，是建筑施工的主要依据；竣工图由建筑施工单位出图的，反映房屋竣工时实际完成的情况。简单来讲，施工图全部由设计院出图，施工过程中由于业主修改等会发生不少设计变更，工程完成后由施工单位按竣工图要求（具体见下文）负责编制，送档案局存档。

建设项目施工完成后，由施工单位负责编制竣工文件，监理单位负责审核。竣工文件编制内容依据档案法律法规的要求进行。

1. 竣工文件编制要求

（1）归档的竣工文件应完整、准确、系统。应根据建设项目实际情况，及时收集所缺少的重要文件，按要求复制补齐。

（2）对施工文件、施工图及设备技术文件的准确性和更改情况进行核实，并按要求修改或补充标注到相应的文件上。

（3）归档的竣工文件必须书写工整，字迹、线条清楚，图样清晰，格式统一，签字手续完备。

（4）文件材料图幅原则上采用A4纸，页边距为上边20mm、下边15mm、装订边25mm、翻页边15mm。竣工图采用A3纸，图幅的短边不得加长，长边加长的长度应为210mm的整倍数，并折叠成A4纸装订，规格必须符合国家标准，用纸优良。

（5）文件文字，标题采用小2号黑体，正文采用3号仿宋体，内文标题采用3号黑体。

（6）每页文件材料必须用阿拉伯数字编号：单面书印的文件材料标注在右下角；双面书印的文件材料正面标注在右下角，背面标注在左下角；标注页号应与卷内目录的页号相对应。

（7）录音、录像、图片文件须长期储存，应以光盘介质为主；施工图片必须提交电子文档打印件和光盘。

（8）永久、长期保存的文件书写材料必须采用碳素墨水，禁止使用易褪色的书写材料（如圆珠笔、铅笔、红色墨水、纯蓝墨水、复写纸等）。凡由易褪色书写材料制成的资料（如复写纸、热敏纸）应复印并加盖本单位公章保存。

2. 竣工图编制要求

（1）竣工图应完整、准确、清晰、规范、修改到位，真实反映项目竣工验收时的实际情况。

（2）竣工图按里程、专业、图号排列，竣工图应根据不同情况编制。

1）按施工图施工没有变动的，由竣工图编制单位在施工图上加盖并签署竣工图章。

2）一般性图纸变更及符合杠改或划改要求的变更的，可在原图上（必须是新图）更改，加盖并签署竣工图章。

3）涉及结构形式、工艺、平面布置、项目等重大改变及图面变更面积超过35%的，应重新绘制竣工图。重绘图按原图编号，末尾加注"竣"字，或在新图图标内注明"竣工截断"加盖并签署竣工图章。

4）重复使用的标准图、通用图可不编入竣工图中，但应在图纸目录中列出图号，指明该图所在位置并在编制说明中注明。

5）竣工图必须经监理工程师审核会签确认，并在扉页上加盖承包商单位公章。

6）编制竣工图总说明及各专业的编制说明，叙述竣工图编制原则、各专业目录及编制情况。

（3）竣工图的更改方法。

1）文字、数字更改一般是杠改；线条更改一般是划改；局部图形更改可以圈更改部位，在原图空白处重新绘制。

2）利用施工图更改，应在更改处注明更改依据文件的名称、日期、编号和条款号。

3）无法在图纸上表达清楚的，应在标题栏上方左边用文字说明。

4）图上各种引出说明应与图框平行，引出线不交叉，不遮盖其他线条。

5）有关施工技术要求或材料明细表有文字更改的，应在修改变更处进行杠改，当更改内容较多时，可采用注记说明。

6）新增加的文字说明，应在其涉及的竣工图上作相应的添加和变更。

（4）竣工图章的使用。

1）竣工图章内容、尺寸应按国家要求制作。

2）所有竣工图应由编制单位逐张加盖并签署竣工图章。竣工图章的内容填写应齐全、清楚，不得代签。

3）竣工图章应使用红色印泥，盖在标题栏附近空白处。

5.2 平面布局

本节以主题餐厅的设计图纸绘制为例，讲解平面图的绘制。图5.2.1所示为某主题餐厅二层平面布置图，包含两个包间和零点餐厅。

主题餐厅是通过一个或多个主题为吸引标志的饮食场所，希望人们身临其中的时候，经过观察和联想，进入期望的主题情境，譬如"亲临"世界的另一端、重温某段历史、了解一种陌生的文化等。它的最大特点是赋予餐厅某种主题，围绕既定的主题来营造餐厅的经营气氛：餐厅内所有的产品、服务、色彩、造型以及活动都为主题服务，使主题成为顾客容易识别餐厅的特征和产生消费行为的刺激物。

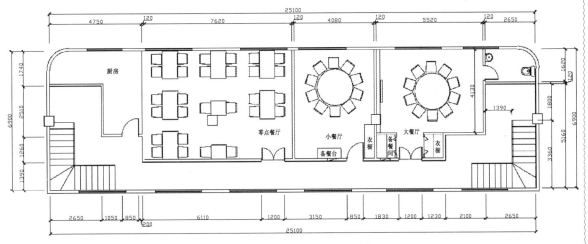

图 5.2.1　某主题餐厅二层平面布置图

在主题文化的开放上，借助特色的建筑设计和内部装饰来强化主题是非常必要的。例如，上海老站餐厅通过老式家居布置和火车的改装，营造老上海怀旧和名人专列两个主题；巴厘岛印尼餐厅通过民俗文化的展示和当地物体陈列，表现巴厘岛主题；橄榄树餐厅大量应用特别的装饰材料，突出地中海风情主题等。

主题餐厅应当运用各种手段凸显主题，建筑设计与内部装饰是其中的重要组成部分。挖掘主题文化的底蕴，主要就是做好主题餐厅环境设计。

下面分步骤讲解平面图的绘制。

（1）设计方案确定后，新建文件，首先创建图层（图5.2.2）。

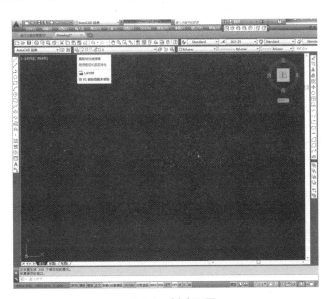

图 5.2.2　创建图层

（2）创建墙体层，白色，默认线型，默认线宽（图5.2.3）。

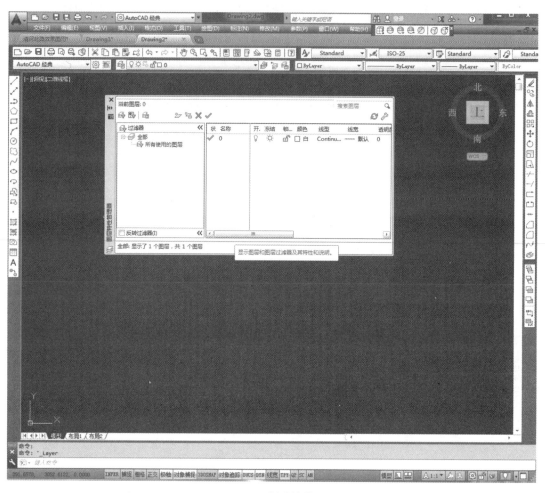

图 5.2.3　创建墙体层

（3）将"墙体"层设置为当前层，根据尺寸绘制纵向、横向墙体位置线（图5.2.4）。

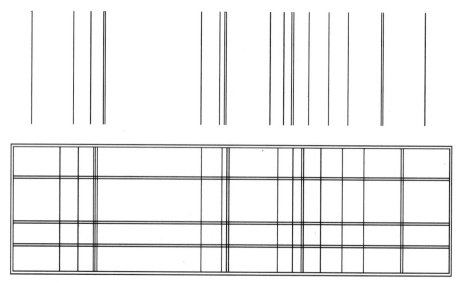

图 5.2.4　绘制纵向和横向墙体位置线

（4）据原始墙体进行图形修剪（图5.2.5）。

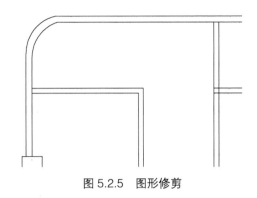

图 5.2.5　图形修剪

（5）制楼梯（图5.2.6）。

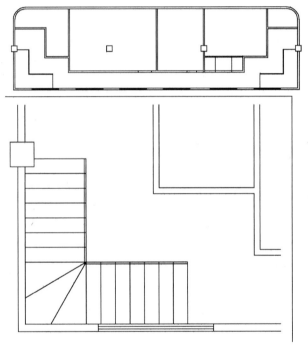

图 5.2.6　绘制楼梯

（6）绘制墙体（图5.2.7）。

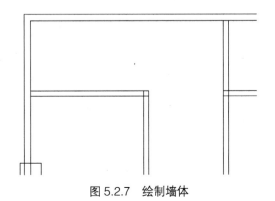

图 5.2.7　绘制墙体

（7）绘制入口（图5.2.8）。

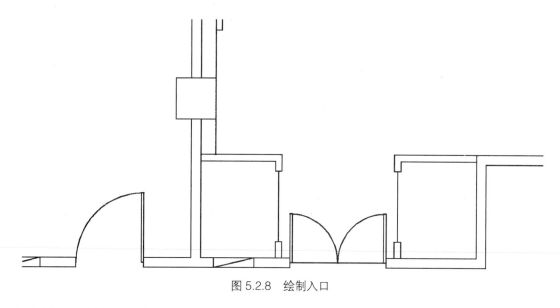

图 5.2.8　绘制入口

（8）填充图例（图5.2.9）。

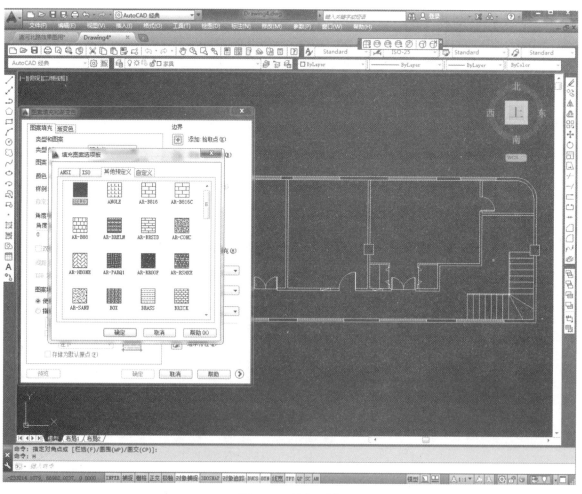

图 5.2.9　填充图例

（9）选择合适的图例（图5.2.10）。

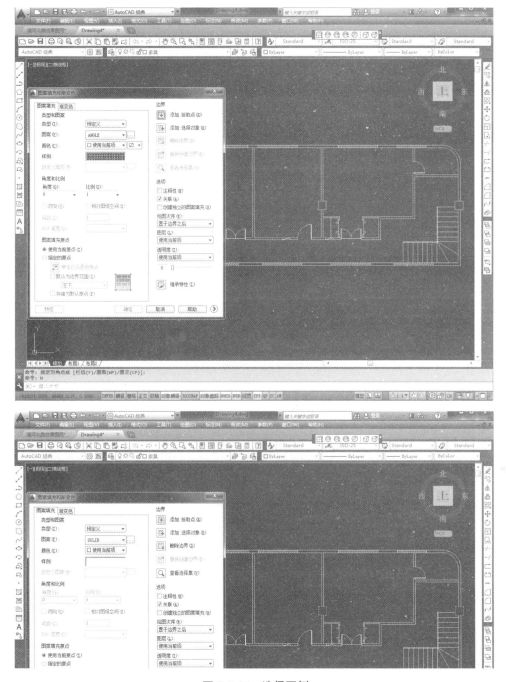

图 5.2.10　选择图例

5.3　天花图的绘制

天花图与平面图一样，需运用正投影原理。需要注意的是，天花图中的墙体部分应使用细实线绘制，而吊顶的边线要用较粗的实线绘制，这是为了突出表现表达的主体。天花图可以与灯具平面图合并在一起。

　　下面，以图 5.3.1 所示的天花图为例，分步骤讲解天花图的绘制。

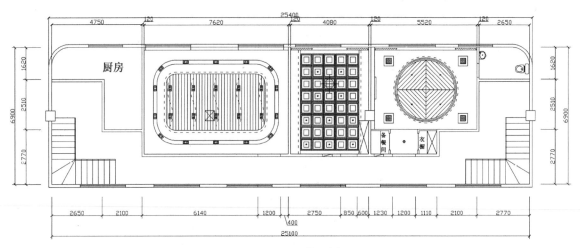

图 5.3.1　天花图例

（1）制天花线框图，去掉门，只表现墙体和窗的位置即可（图 5.3.2）。

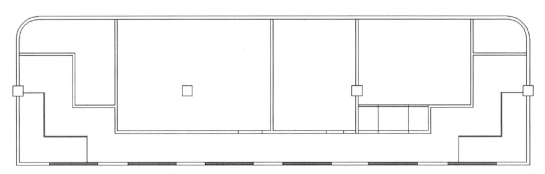

图 5.3.2　绘制天花线框图

（2）绘制散点餐厅天花造型（图 5.3.3 ~ 图 5.3.6）。

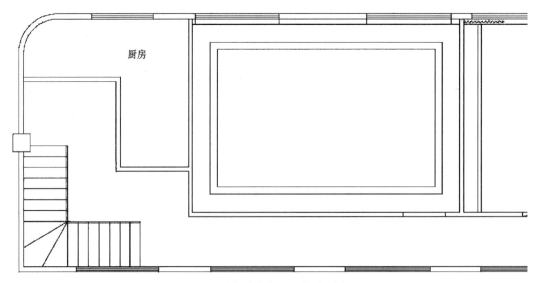

图 5.3.3　绘制散点餐厅天花造型步骤 1

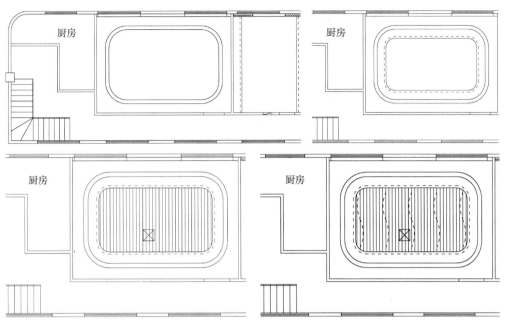

图 5.3.4　绘制散点餐厅天花造型步骤 2

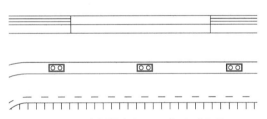

图 5.3.5　绘制散点餐厅天花造型步骤 3

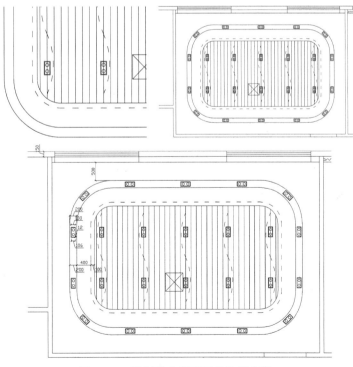

图 5.3.6　绘制散点餐厅天花造型步骤 4

（3）绘制餐厅小包间天花造型（图 5.3.7 ~ 图 5.3.9）。

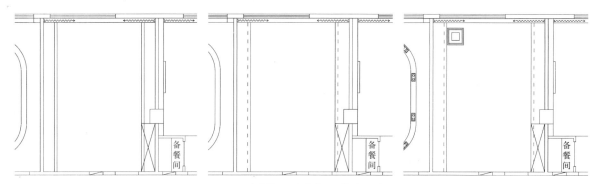

图 5.3.7　绘制餐厅小包间天花造型步骤 1

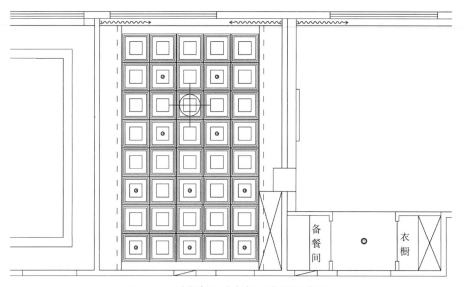

图 5.3.8　绘制餐厅小包间天花造型步骤 2

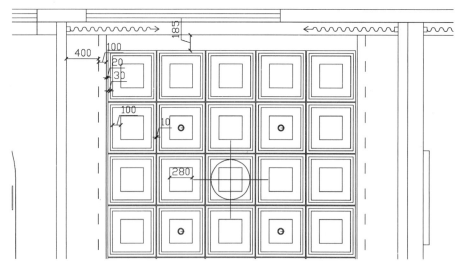

图 5.3.9　绘制餐厅小包间天花造型步骤 3

（4）绘制餐厅大包间天花造型（图 5.3.10）。

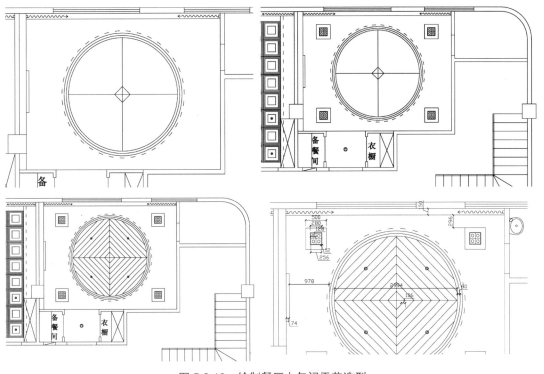

图 5.3.10　绘制餐厅大包间天花造型

5.4　立面图的绘制

建筑立面图是建筑物外墙在平行于该外墙面的投影面上的正投影图，是用来表示建筑物的外貌并表明外墙装饰要求的图样。表示方法主要有以下两种：①对有定位轴线的建筑物，宜根据两端定位轴线编注立面图名称；②无定位轴线的立面图，可按平面图各面的方向确定名称。也有按建筑物立面的主次，把建筑物主要入口面或反映建筑物外貌主要特征的立面称为正立面图，从而确定背立面图和左、右侧立面图。

下面分步骤讲解立面图的绘制：

（1）绘制立面图框线（图 5.4.1）。

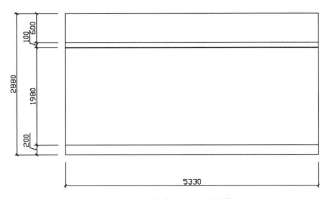

图 5.4.1　绘制立面图框线

（2）绘制立面图（图 5.4.2）。

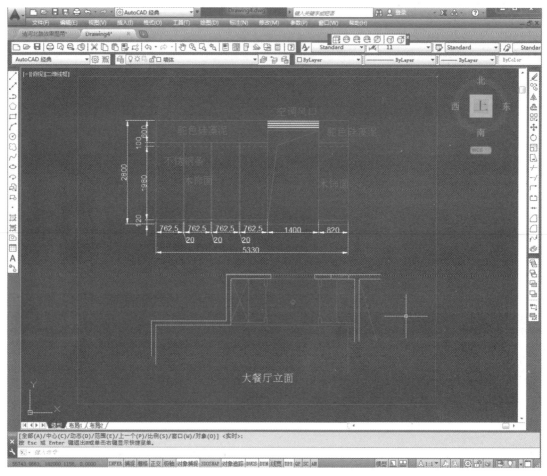

图 5.4.2　绘制立面图

（3）标注材料（图 5.4.3）。

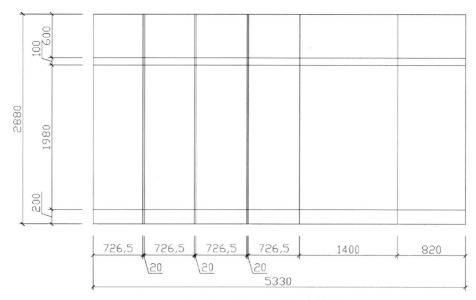

图 5.4.3（一）　绘制立面图并标注材料

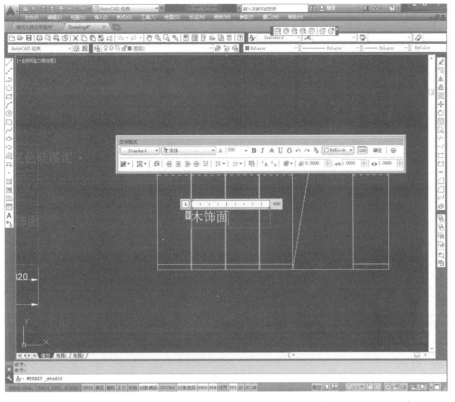

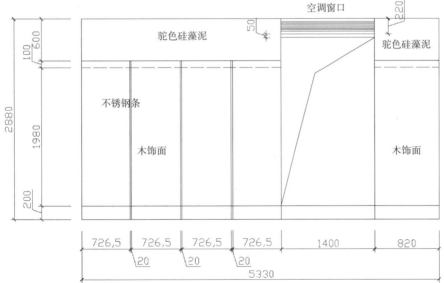

图 5.4.3（二） 绘制立面图并标注材料

5.5 节点图的绘制

节点图是两个以上装饰面的汇交点，抑或面层背面的繁杂支撑和做法等的细节部分，是把在整图当中无法表示清楚的某一个部分单独拿出来表现其具体构造的一种表明建筑构造或装修构造的细部的图。大样图比节点图更为细化，把节点图中未能表达清楚的细部构造进一步放大，给予更为清晰的表达。节点图的比例一般为 1 ∶ 5，而大样图的比例更大，一般为 1 ∶ 2。

　　下面分步骤讲解节点图的绘制。

　　（1）绘制节点图，如图 5.5.1 和图 5.5.2 所示。

　　（2）尺寸和材料标注，如图 5.5.3 所示。

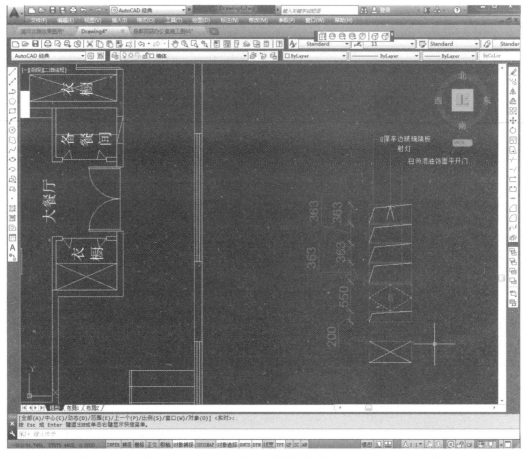

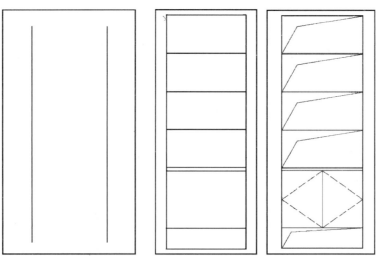

图 5.5.1　绘制节点图步骤 1

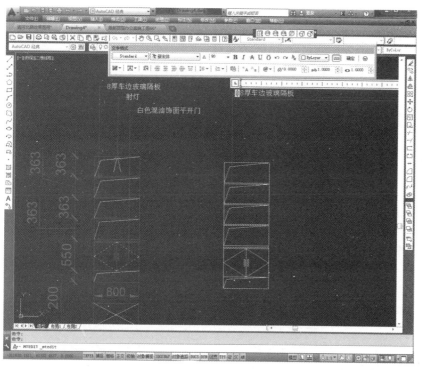

图 5.5.2 绘制节点图步骤 2

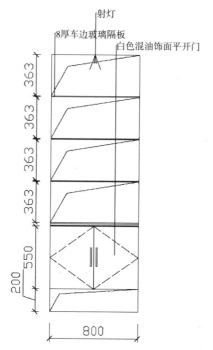

图 5.5.3 为节点图添加材料标注

5.6 输出图纸

图纸绘制完成后，输出图纸，步骤如图 5.6.1 ~ 图 5.6.18 所示。

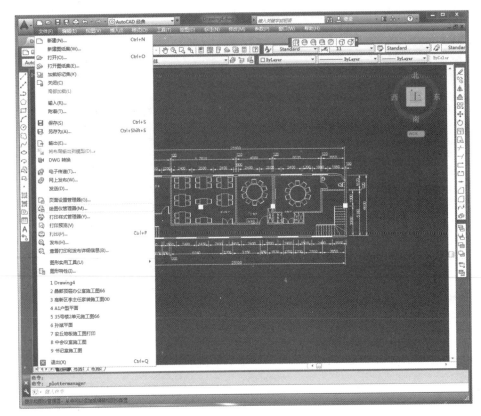

图 5.6.1　步骤 1

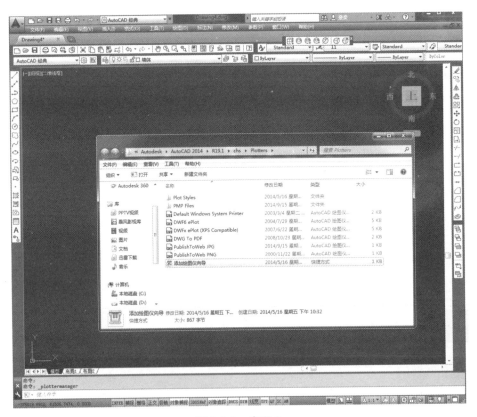

图 5.6.2　步骤 2

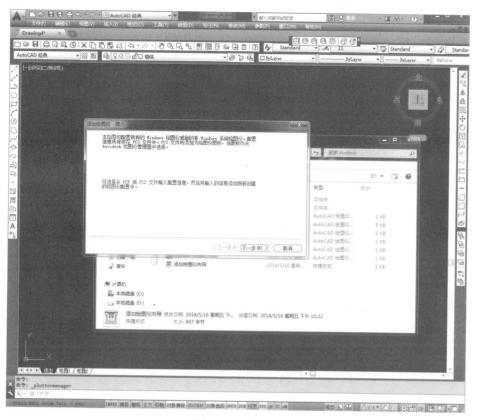

图 5.6.3 步骤 3

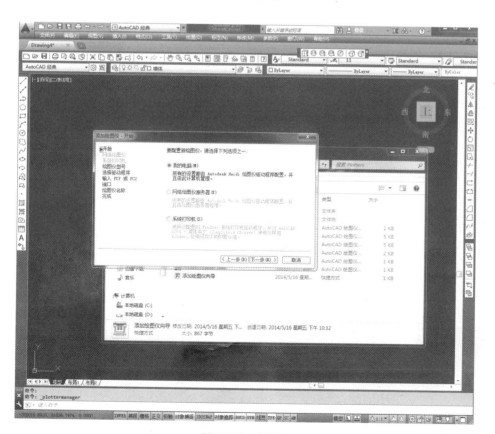

图 5.6.4 步骤 4

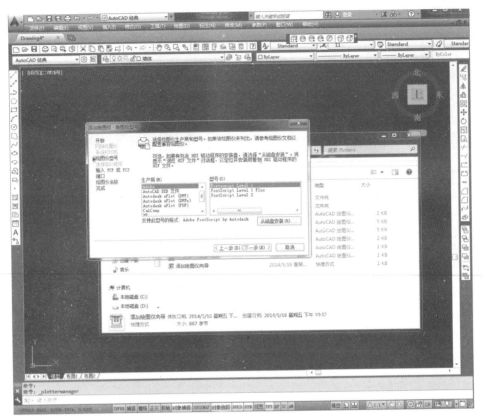

图 5.6.5　步骤 5

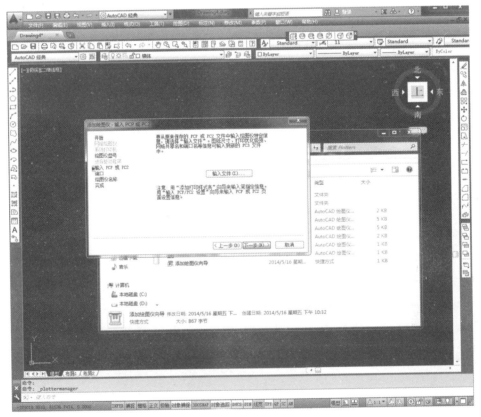

图 5.6.6　步骤 6

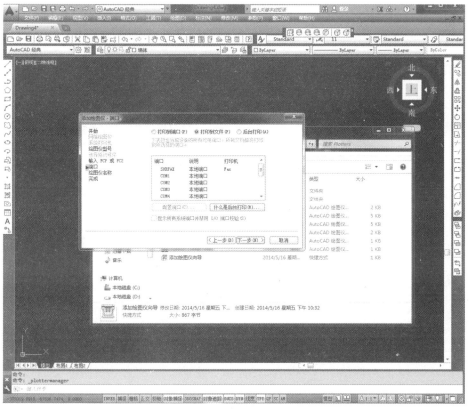

图 5.6.7　步骤 7

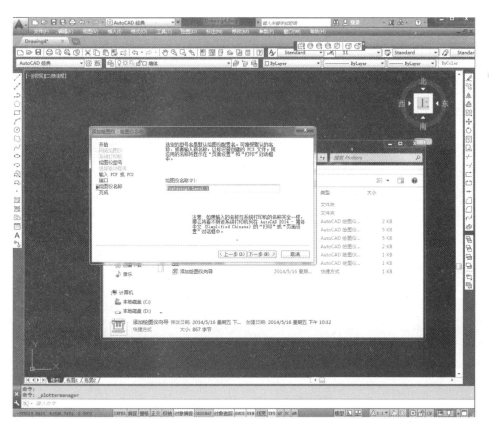

图 5.6.8　步骤 8

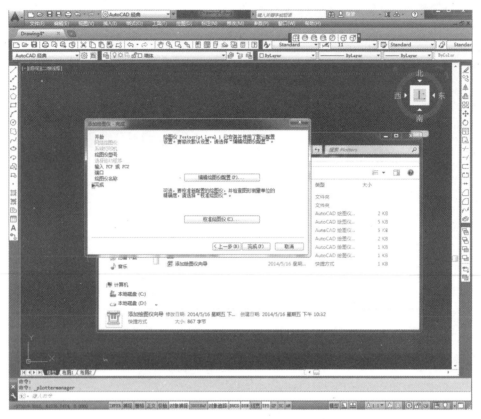

图 5.6.9　步骤 9

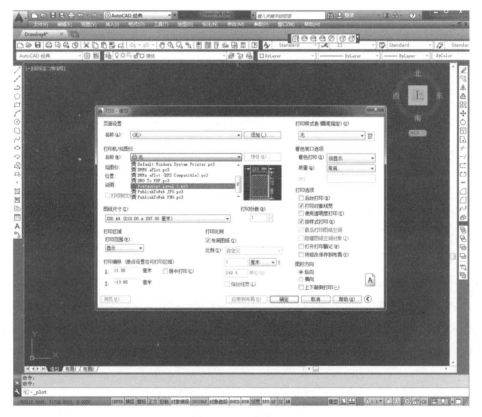

图 5.6.10　步骤 10

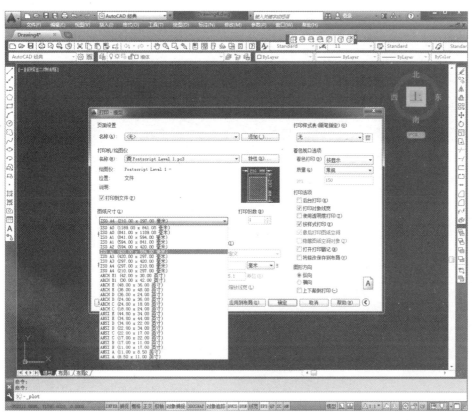

图 5.6.11　步骤 11

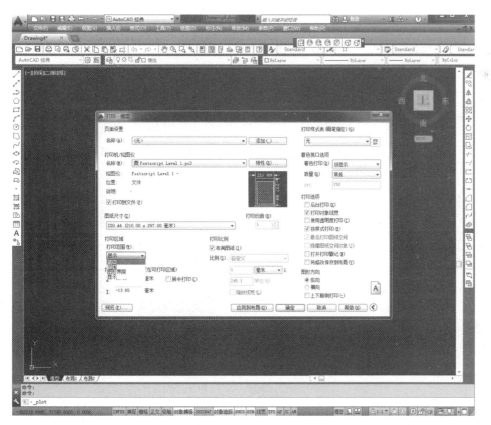

图 5.6.12　步骤 12

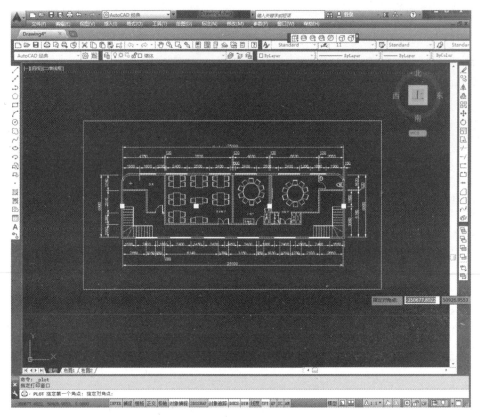

图 5.6.13　步骤 13

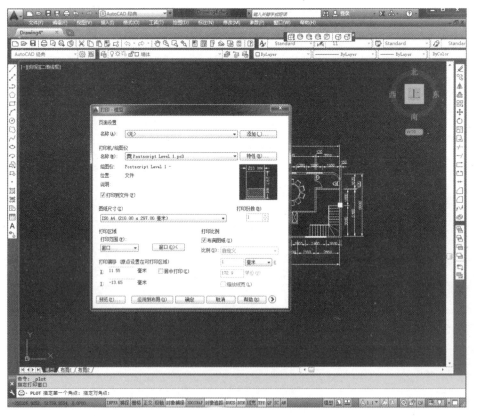

图 5.6.14　步骤 14

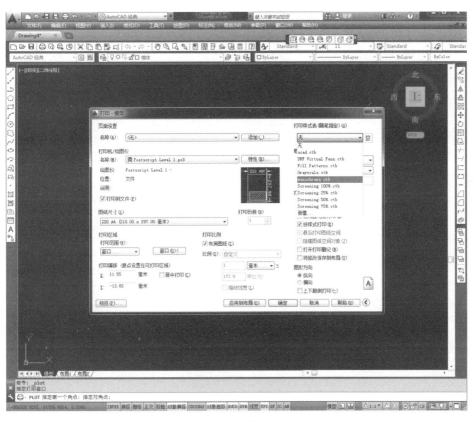

图 5.6.15　步骤 15

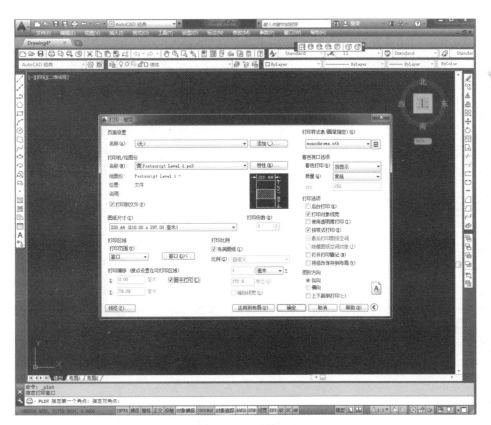

图 5.6.16　步骤 16

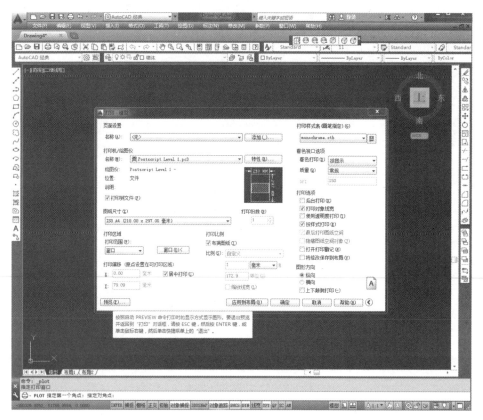

图 5.6.17　步骤 17

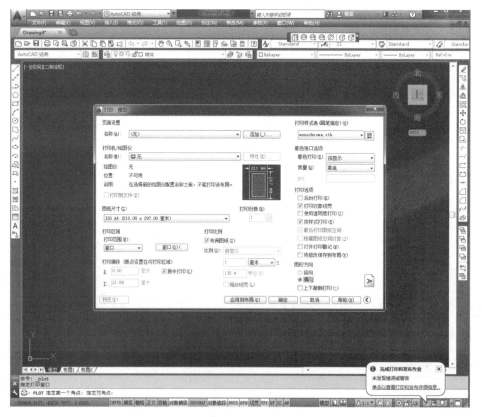

图 5.6.18　步骤 18

单元小结

　　本单元以一个主题餐厅的设计方案，以设计师做整个方案时的时间顺序，由平面布局开始，逐一完成功能、布局—地坪—天花—立面—节点（天花吊顶、隔墙）—输出图纸等步骤。本单元添加竣工图的概念、与施工图的区别等内容，使学习者充分了解施工套路。

单元6 综合实例解析

6.1 项目分析

近年来随着生活水平的提高，人们对建筑环境的要求逐步提高。生活节奏的加快需要高效率的绘图制图，AutoCAD 软件在建筑环境设计领域快速制图的优势日益明显。本项目是济南某售楼处样板间的整体设计，整个设计进程分为四个阶段，即设计准备阶段、方案设计阶段、施工图设计阶段和设计实施阶段。在四个阶段中，AutoCAD 软件都起到了重要的作用。

6.2 项目实施

本项目设计进程的四个阶段中，设计师都运用 AutoCAD 软件对不同阶段的图纸的进行了绘制。在设计准备阶段，绘制原始平面图；在方案设计阶段，绘制平面布置图、顶面布置图；在施工图设计阶段，绘制全套施工图纸；设计实施阶段，绘制设计变更图纸和竣工图纸。

6.2.1 设计准备阶段

设计准备阶段主要是接受委托任务书，签订合同，或者根据标书要求参加投标。同时要明确设计期限，制定设计进度计划，考虑各工种的配合与协调等。

（1）明确设计任务和要求。本案例是售楼处样板间设计，总设计面积 110m²，室内设计的整体风格定为现代风格，需营造室内环境氛围、艺术风格、文化内涵。

（2）熟悉相关设计规范标准，收集并分析必要的资料和信息，进行现场的调查勘测，并绘制原始平面图（图 6.2.1），对设计空间的结构进行了解，对空间尺寸、梁的位置做详细标注。同时对同类型实例的案例进行实地考察。

6.2.2 方案设计阶段

经与甲方沟通，确定设计风格为现代风格，在设计准备阶段的基础上，进一步收集、分析、运用与设计任务有关的资料与信息，构思立意并深入设计，初步确定设计方案，在方案设计的过程中对方案进行了多次分析与比较。最终完成以下设计文件：①平面布置图；②顶面（天花）布置图；③室内透视图（彩色效果）；④设计意图说明和工程设计概算。

初步设计方案需经甲方审定，一般需要调整。在这些设计文件中最重要的是平面布置图，如图 6.2.2 所示。

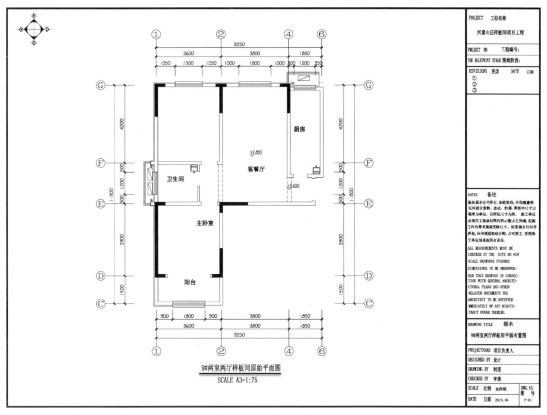

图 6.2.1　原始平面图

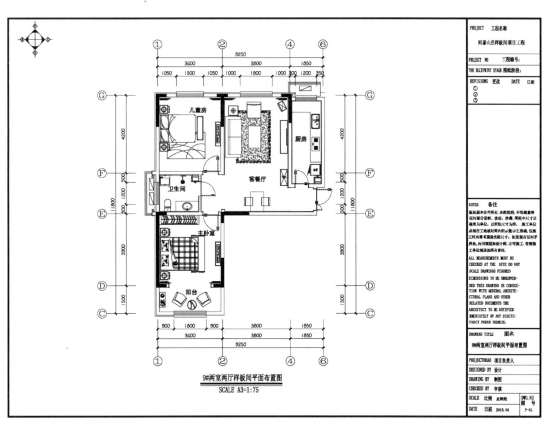

图 6.2.2　平面布置图

平面布置图是布置方案的一种简明图解形式，用以表示建筑物、构筑物、设施、设备等的相对平面位置。绘制时，一般情况下，面向平面图，图的上方为北，下方为南，左方为西，右方为东。在有指向标的平面图上，指向标箭头指的方向即是北方。

绘制的常用比例有 1∶50、1∶100。平面布置图的确定至关重要，它需要在人体工程学的基础上，绘制表达空间的功能、布局、材料、构造、软装搭配甚至装饰风格。

顶面是室内设计的三大界面之一。在整个设计中起着举足轻重的作用，绘制顶面布置图时，常用比例也是 1∶50、1∶100。绘制时需要表达吊顶的结构、标高、材质、构造、灯具等信息。本设计方案因为是现代风格，所以选择使用大面积白色乳胶漆饰面，配精致的 15cm 宽香槟金金属装饰条。整个顶面处理干净利落，现代感十足，如图 6.2.3 所示。

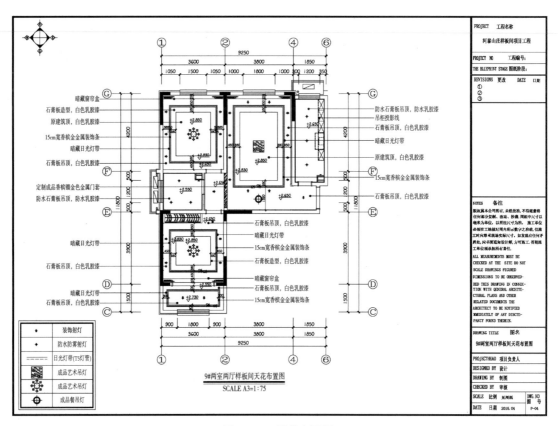

图 6.2.3　天花布置图

6.2.3　施工图设计阶段

与方案设计阶段的设计文件相比较，施工图阶段的图纸要求更细致，尺寸需要准确到毫米；需要补充施工所必要的有关墙体定位图、地材布置图、室内其他立面图和电路图等图纸，还需包括构造节点详图、细部大样图以及设备管线图；同时根据施工图纸编制施工说明和工程预算。

本方案在施工图设计阶段，进行了大量的绘制工作，最终完成的图纸包括：施工图封面、施工图目录、施工说明、原始平面图、平面布置图、墙体开线图、地面铺贴图、天花布置图、灯具开线图、平面索引图、01-20 立面图、吊顶 A 剖面图、窗台板 B 剖面图、电视墙 C 剖面图、餐厅 D 剖面图等图纸。

施工图的封面主要标明工程名称、设计单位信息等，如图 6.2.4 所示。

施工图目录则标明此工程所有图纸的名称和图纸的页码，以便于查找，如图 6.2.5 所示。

河泰山庄样板间项目工程
9#两室两厅样板间室内装饰施工图

奥森空间装饰设计事务所

二○一五年四月

图 6.2.4　施工图封面

图纸目录

序号	图纸名称	图幅	图号	备注	序号	图纸名称	图幅	图号	备注
	图纸目录	A3							
	施工图设计说明（一）	A3							
	施工图设计说明（二）	A3							
1	9#两室两厅样板间平面布置图	A3	P-01						
2	9#两室两厅样板间墙体开洞图	A3	P-02						
3	9#两室两厅样板间地面铺装图	A3	P-03						
4	9#两室两厅样板间吊顶布置图	A3	P-04						
5	9#两室两厅样板间灯具尺寸图	A3	P-05						
6	9#两室两厅样板间吊顶索引图	A3	P-06						
7	9#两室两厅样板间客餐厅立面图	A3	E-01						
8	9#两室两厅样板间客餐厅立面图	A3	E-02						
9	9#两室两厅样板间客餐厅立面图	A3	E-03						
10	9#两室两厅样板间客餐厅立面图	A3	E-04						
11	9#两室两厅样板间主卧室立面图	A3	E-05						
12	9#两室两厅样板间主卧室立面图	A3	E-06						
13	9#两室两厅样板间主卫立面图	A3	E-07						
14	9#两室两厅样板间次卧立面图	A3	E-08						
15	9#两室两厅样板间次卧立面图	A3	E-09						
16	9#两室两厅样板间厨房立面图	A3	E-10						
17	9#两室两厅样板间剖面图	A3	D-01						
18	9#两室两厅样板间剖面图	A3	D-02						

图 6.2.5　施工图目录

施工说明包含了设计及施工依据、设计规模及范围、设计标高和定位及其他、防火要求、防水、防潮、防锈、隔声处理、吊顶工程的具体要求、墙面工程的具体要求、地面工程的具体要求、门窗及细木工程、涂饰工程、施工注意事项和图纸说明，如图 6.2.6 所示。

图 6.2.6　施工图设计说明

原始平面图和平面布置图前面已经详细展示。这里将不再展开讲解。墙体开线图主要标注墙面的细部尺寸，是平面尺寸、工艺详图，如图 6.2.7 所示。

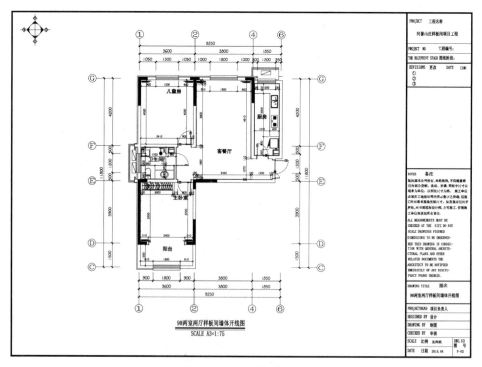

图 6.2.7　墙体开线图

地面铺贴图绘制时，需要表达整个空间地面材质、材质规格、材质颜色、材质施工工艺、标高等信息，如图 6.2.8 所示。

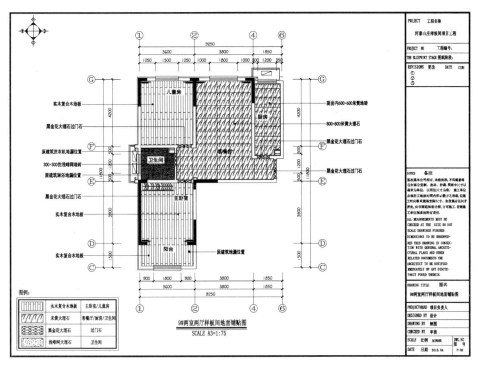

图 6.2.8　地面铺贴图

灯具开线图绘制需要标注灯具的型号、规格、材质、做法、标高和层次等，如图 6.2.9 所示。

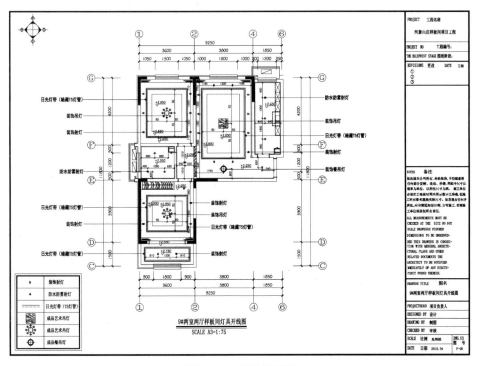

图 6.2.9　灯具开线图

平面索引图主要是标注立面的名称和所在图号，如图6.2.10所示。立面图的常用比例是1：20、1：50，绘制时需要绘制立面的材质、工艺、构造、尺寸等信息，如图6.2.11和图6.2.12所示。

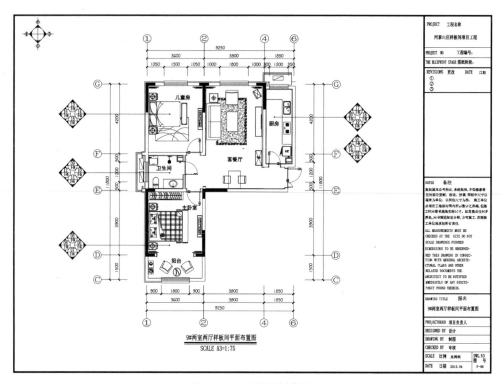

图 6.2.10　平面索引图

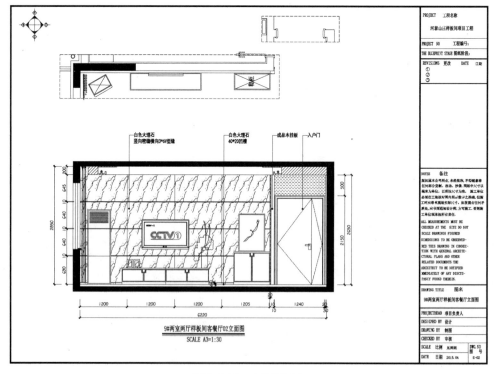

图 6.2.11　立面图 02

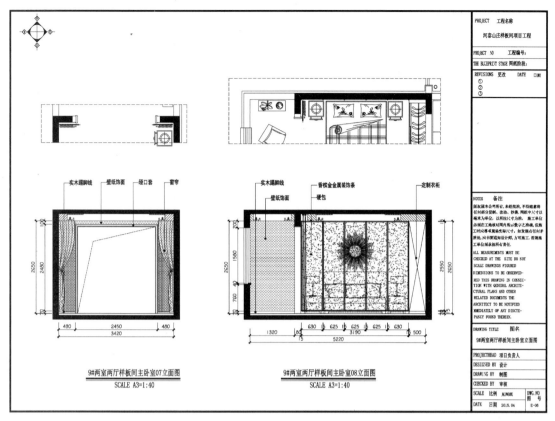

图 6.2.12　立面图 03

6.2.4　设计实施阶段

设计实施阶段也即是工程的施工阶段。本项目是在室内工程施工前，向施工单位进行了设计意图说明及图纸的技术交底。并按图纸要求核对施工实况，但是因局部现场实况受限，需要根据现场提出对图纸的局部修改或补充，所以由设计方出具修改通知书，并做了相应的设计变更。

本项目施工最后根据现场实际施工情况，最后绘制了工程竣工图，除了施工中进行的变更外，还包括隐蔽工程的图纸，如强电、弱电、水路改造、墙面构造、吊顶等，如图6.2.13 所示。

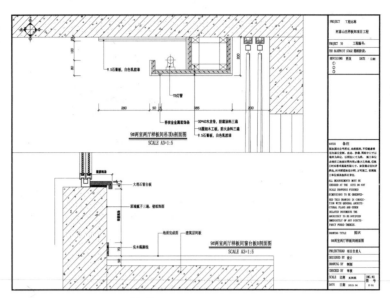

图 6.2.13　吊顶、窗台板节点

单元小结

本单元主要讲述 AutoCAD 软件在设计准备阶段、方案设计阶段、施工图设计阶段、设计实验阶段的作用，以及总平面图、建筑平面图、建筑立面图、建筑剖面图、建筑详图等的综合绘制。